前 言

随着社会的进步和服装文化的成熟，儿童作为独立的个体日益受到尊重，童装的设计生产与消费在服装产品中的比重也不断地增加，然而目前服装行业有关童装方面的教材和资讯却较为匮乏，童装设计人员的培养也欠缺专门而系统的理论体系。

电脑技术如今被广泛地应用于服装设计领域，创造性地改变了以往传统的设计表达方式，以优秀的绘图软件工具代替手工绘图，使设计工作变得更为简便而有效。

作者在多年的服装教学和企业产品的设计工作中，一直探索童装设计与电脑表现有效结合的方法，同时也希望将积累的经验综合成文，为广大从事童装设计的人员提供一本兼有理论和技法的实用型设计书籍，故编写此书。

本书面向专业院校师生和企业设计人员，结构编排力求完整、系统。全书分为七章：第一章和第二章是基础部分，主要介绍童装的设计特点，设计软件的功能和童装人体的绘制；第三～第五章为设计表现部分，是本书的重点，分别从童装的图案、面料、款式三方面，结合电脑效果进行设计，每个类别不仅有典型的示范操作，而且提供了大量的设计图例，以方便读者练习和参考；第六章为综合运用部分，通过介绍童装中常见的流行风格，从灵感构思和表现手法上进行整体设计。

本书采用的设计软件是最新版本的 CorelDRAW X4 版本和 Photoshop CS3 版本，由于 CorelDRAW 软件具有强大的绘图功能，书中主要用来进行童装平面款式图和图案效果的设计，而 Photoshop 软件在图像装饰、文字和特效处理方面有优势，将其作为绘制童装着装效果图和面料质感的主要工具。

在本书的编写过程中，感谢佛山科学技术学院和广东省丝绸职业技术学校服装专业的同学们，部分图稿出自于他们优秀的课堂作业，尤其感谢邓丽少、周莉莉、谢敏仪三位同学为图稿的修改所付出的辛勤工作。

由于笔者水平有限，加上时间仓促，书中难免存在不足和疏漏，衷心希望专家、同行、设计人员和广大读者批评指正，以便进一步完善提高。读者在阅读过程中如遇到问题，可与我们联系交流（E-mail:lcy_fs@21cn.com）。

作 者

2009 年 3 月于广东佛山

目录

计算机辅助服饰设计教程

CorelDRAW & Photoshop 童装款式设计

罗春燕　虞海平　著

中国纺织出版社

内 容 提 要

本书介绍了常用设计软件CorelDRAW和Photoshop在童装设计与表现方面的应用。结合儿童人体、图案设计、面料设计、款式设计、设计风格等相关的理论知识，阐述如何使用电脑软件绘制童装人体、童装款式图、童装效果图。步骤介绍详细，款式插图典型实用，接近最新的流行趋势，符合生产实际，使读者更有效率地学习。

本书适合童装设计师、服装从业人员阅读，也适合开设童装设计课程的服装院校教学参考。

图书在版编目（CIP）数据

CorelDRAW & Photoshop童装款式设计/罗春燕，虞海平著．—北京：中国纺织出版社，2009.8

计算机辅助服饰设计教程

ISBN 978-7-5064-5749-1

Ⅰ. C…　Ⅱ. ①罗…　②虞…　Ⅲ. 童装-计算机辅助设计-图形软件，CorelDRAW、Photoshop-教材　Ⅳ. TS941.716.1-39

中国版本图书馆CIP数据核字(2009)第100862号

策划编辑：来佳音　刘　磊　　责任编辑：魏　萌

责任校对：陈　红　　责任设计：何　建　　责任印制：周文雁

中国纺织出版社出版发行

地址：北京东直门南大街6号　邮政编码：100027

邮购电话：010—64168110　传真：010—64168231

http://www.c-textilep.com

E-mail：faxing@c-textilep.com

北京画中画印刷有限公司印装　各地新华书店经销

2009年8月第1版第1次印刷

开本：787×1092　1/16　印张：7.25

字数：99千字　定价：39.80元

第一章　电脑童装设计概述

随着社会的飞速发展，电脑已经是艺术设计不可缺少的工具。利用电脑可以进行平面设计、室内设计、建筑设计、服装设计、产品设计、动漫设计等。电脑绘画，简称 CG（Computer Graphics），是计算机辅助设计的一部分，是艺术与科学相交的一个新兴学科，它可以模拟真实的肌理效果，方便地存储、修改、传送，极大地提高了设计的效率。因此，利用电脑绘制服装效果图逐渐取代了传统的画笔，成为服装设计的主要创作工具。

1.1　CorelDRAW 软件简介

CorelDRAW 是加拿大著名的软件公司——Corel 公司推出的矢量绘图软件。它广泛地应用于商标设计、标志设计、产品设计、包装设计、插画描绘等诸多领域。在服装行业，CorelDRAW 软件常用于绘制服装图案和服装款式图，这里介绍的是 CorelDRAW X4 版本。

1.1.1　CorelDRAW　X4 操作界面

启动 CorelDRAW 软件，打开一个图像后，将会出现 CorelDRAW 的操作界面，如图 1–1 所示，它由标题栏、菜单栏、标准工具栏、属性栏、工具箱、标尺、状态栏、调色板、泊坞窗页面导航、视图导航等部分组成。

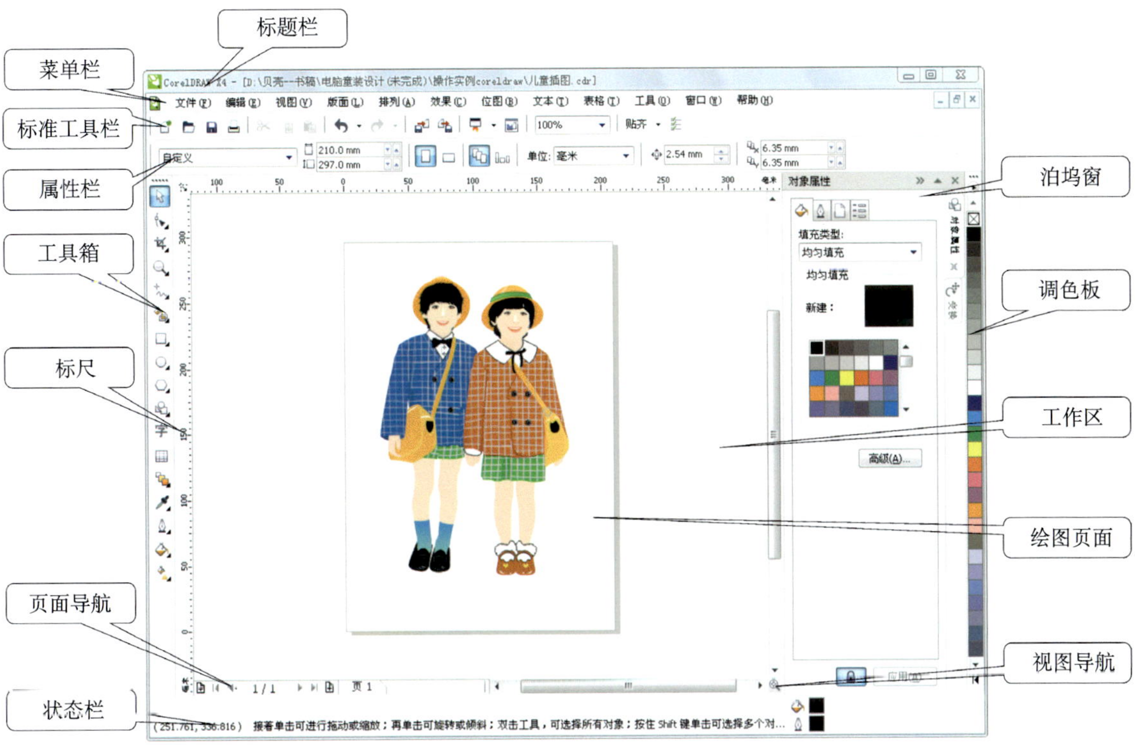

图 1-1　CorelDRAW X4 的操作界面

标题栏

标题栏在左侧显示当前应用程序的名称（即 CorelDRAW X4）和打开文件的名称。在右侧显示最小化、最大化和关闭窗口的按钮。

菜单栏

菜单栏包括 12 个项目，分别是文件、编辑、视图、版面、排列、效果、位图、文本、表格、工具、窗口、帮助。单击菜单项目，可以展开下拉菜单，找到绘图所需的大部分工具和命令。

标准工具栏

标准工具栏显示一些常用的工具，一般包括新建、打开、保存、打印、剪切、复制、粘贴、撤销、重做、导入、导出、显示比例等项目。

属性栏

属性栏随着操作项目的不同而变化，选择不同的工具或命令，属性栏显示的内容也不同。

工具箱

在默认状态下，工具箱位于操作界面的最左侧，并竖向摆放。用户也可以拖动工具箱，改变它的位置和方向。

标尺

标尺显示在工作区的左侧和上部，可帮助用户确定图形的大小和位置。

状态栏

状态栏显示选中图形的高度、宽度、中心位置、填充状况等数据，以及鼠标位置和相应的操作提示。

调色板

在默认状态下，调色板显示常用颜色。单击调色板下方的三角形按钮，调色板会滚动显示更多的颜色。

泊坞窗

在默认状态下，泊坞窗位于操作界面的右侧，可以展开、折叠或关闭，也可以用鼠标拖动移到其他位置。

页面导航

页面导航位于工作区下方，显示文件的页码总数及当前页面数，可以点击小三角标进行当前页码的调整。

视图导航

视图导航位于垂直和水平滚动条的交点处，用户可以按住视图导航图标，在弹出的窗口中移动、定位目标调整区域。

1.1.2 CorelDRAW X4 工具箱

工具箱中显示的图标是常用的绘图工具，包括挑选工具、形状工具、裁剪工具、缩放工具、手绘工具、智能填充工具、矩形工具、椭圆形工具、多边形工具、基本形状工具、文本工具、表格工具、交互式调和工具、滴管工具、轮廓工具、填充工具、交互式填充工具。单击并按住右下角带有黑色三角的图标可以显示与其相关的工具，如图 1–2 所示。

1.1.3 CorelDRAW X4 泊坞窗

泊坞窗的功能与 Photoshop 的控制面板相似，对于不同的操作可选择不同的设置。如果单击菜单【窗口】→【泊坞窗】可以选择打开多个泊坞窗，如图 1–3 所示。

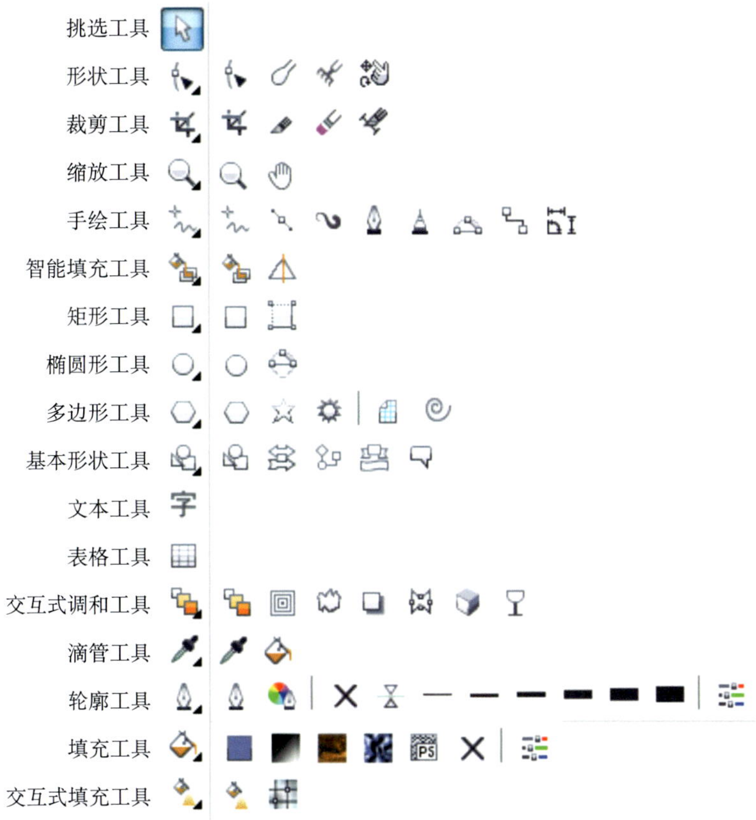

图 1-2　CorelDRAW X4 的工具箱

图 1-3

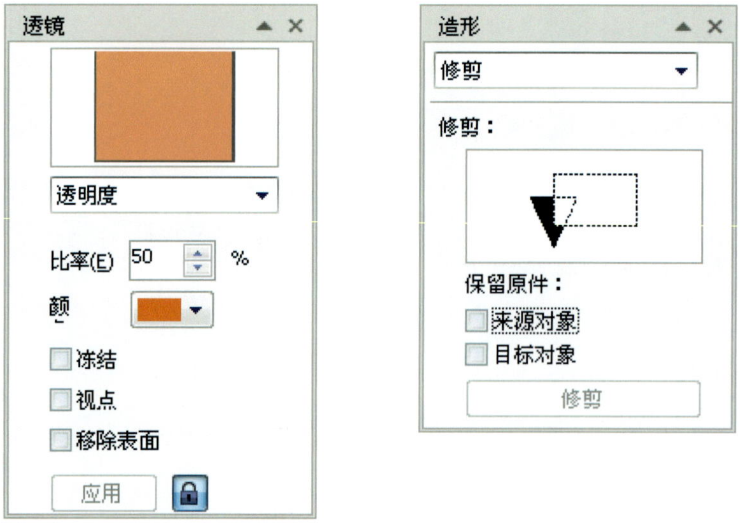

图 1-3 CorelDRAW X4 的泊坞窗

1.2 Photoshop 软件简介

Photoshop 是美国 Adobe 公司推出的位图编辑软件，擅长处理数码图片，可以输入和输出多种格式的文件，灵活转换多种颜色模式，还有强大的滤镜功能。Photoshop 在服装行业主要用于绘制效果图和面料设计。这里介绍的是 Photoshop CS3 版本。

1.2.1 Photoshop CS3 操作界面

启动 Adobe Photoshop CS3，打开一个文件，将出现 Photoshop CS3 的操作界面，如图 1–4 所示，它由标题栏、菜单栏、属性栏、工具箱、标尺、图纸区域、图像比例栏、控制面板等部分组成。

图 1-4 Photoshop CS3 的操作界面

1.2.2　Photoshop CS3 工具箱

工具箱中显示的图标为常用绘图工具，包括选择工具、移动工具、裁切工具、缩放工具、画笔工具、填充工具、图章工具、橡皮擦工具、文字工具、形状工具、路径工具等。单击并按住右下角带有黑色三角的图标可以显示同一类的相关工具，如图 1–5 所示。

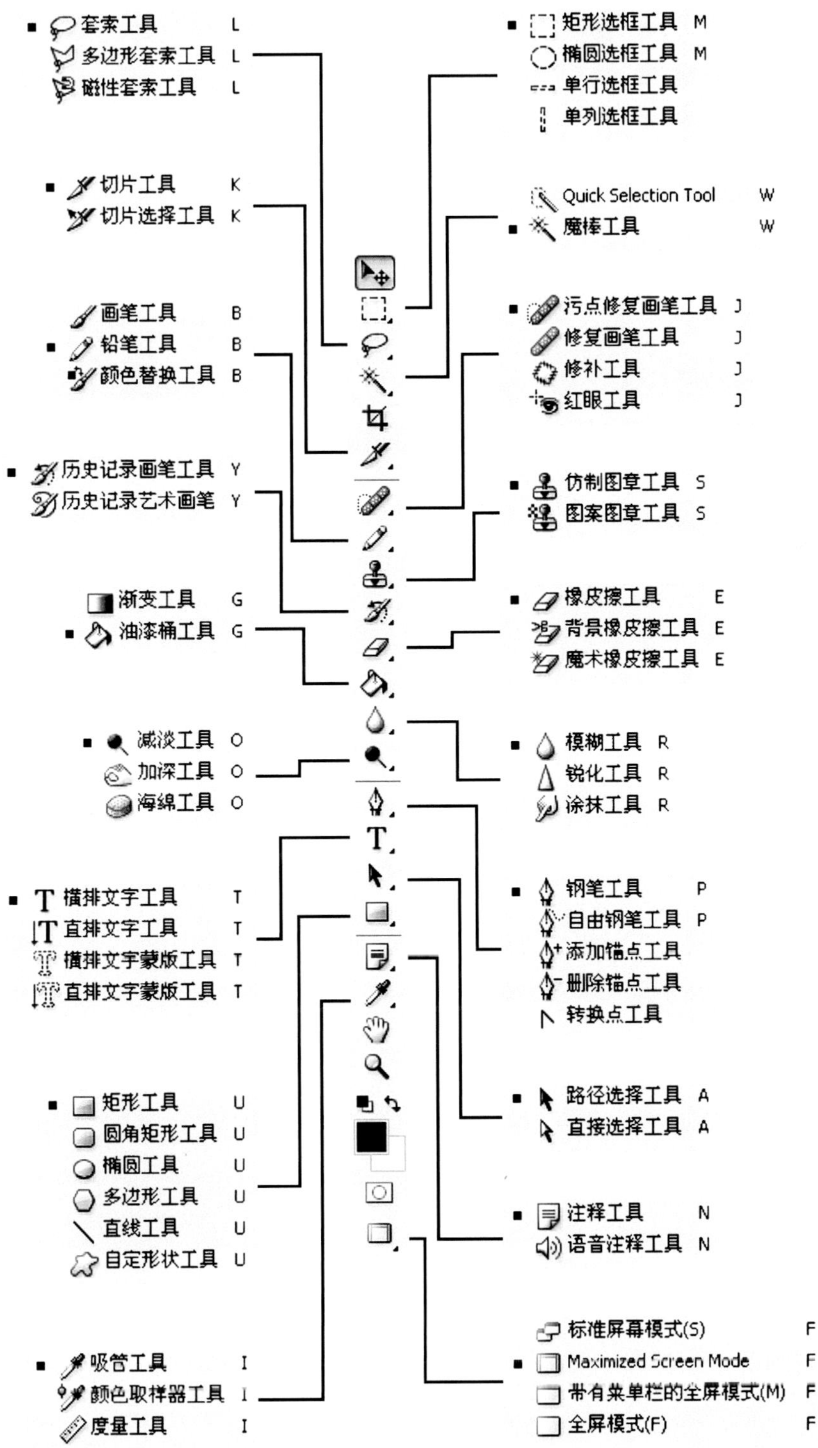

图 1–5　Photoshop CS3 的工具箱

1.2.3 Photoshop CS3 控制面板

在控制面板中可以设置各种图像处理的参数，可以选择颜色、编辑图层、显示历史记录等，功能非常强大。Photoshop CS3 的常用控制面板如图 1–6 所示。

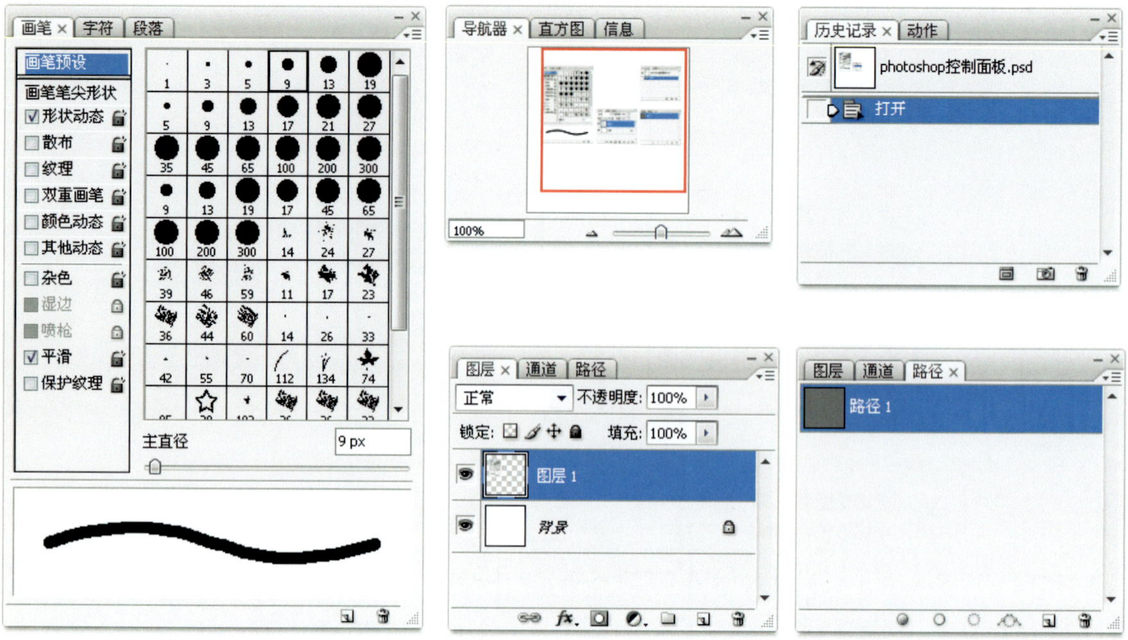

图 1–6 Photoshop CS3 的常用控制面板

第二章　儿童人体绘画与表现

与成人相比，儿童的身心始终处于一个快速成长的过程，其各个年龄阶段的生理和心理特点存在着很大的差异，因此童装的设计首先应该熟知不同阶段儿童的特征，并以此为依据开展设计工作。

2.1　儿童体型特征

为便于介绍，这里按照年龄将儿童的成长过程大体分成五个阶段，每个阶段的儿童具有相对稳定的共性特征。

1. 婴儿期（出生 ~1 周岁）

体型特征：头长与身高的比例为 1:3，头大、身小，颈和四肢短胖，三围无明显差别。

生理特点：婴儿 4~5 个月能自己翻身，6~7 个月能自己坐起，8~9 个月能爬行，12 个月能走路。婴儿睡眠时间长，皮肤娇嫩，缺乏体温调节功能，易出汗，排泄次数多。

2. 幼儿期（1~3 周岁）

体型特征：头长与身高的比例为 1:4，头大、颈短、窄肩，四肢短胖，腹部凸出。

生理特点：幼儿开始学说话，活动范围扩大，处于最初的智力开发期，对玩具表现出喜爱，并开始显露出性情。

3. 学龄前期（4~6 周岁）

体型特征：头长与身高的比例为 1:5，较前期体型变长，但各部分比例关系仍变化不大，为挺胸、凸腹、窄肩、四肢短，三围相差不明显。

生理特点：生长发育快速，活动范围变得非常广阔，游戏成为主要内容，而且逐渐表现出一定的判断能力。

4. 大童期（7~10 周岁）

体型特征：头长与身高的比例为 1:6，身高处于 115~145cm 之间，整体比例逐渐呈现成人的体型特征，脂肪减少，显露出关节部位的骨骼，男女童差别明显，女孩变化较大，中腰开始变细，腰臀围差较大。

生理特点：生活环境由幼儿园和家庭过渡到学校教育，校园学习极大促进了儿童的智力发育和意志锻炼，求知欲和由好奇而发的探索精神变得非常重要，同时社会文化的影响使其产生较多的个性变化。另外，大童仍带有一定淘气顽皮的特点，姿态动作常常是夸张而稚气十足，喜好模仿成人及偶象的动作。

5. 少年期（11~15 周岁）

体型特征：头长与身高的比例为 1:7，青春期骨骼变化明显，生长快速，身高和体型已趋于成人。女孩的体型属于少女期体型，胸部开始发育，双腿变为修长，腰臀差进一步增大，只是在围度上略显单薄。男孩的肩部明显变宽，肌肉骨骼开始发达，但同样显单薄。

生理特点：自我意识的觉醒是这一时期儿童心理上的主要变化，他们对外表越来越关心，喜欢新鲜事物，突出自我个性，但情绪的不稳定会产生一定的反叛性，同时社会活动的明显增加，使他们产生了追随流行的倾向。男孩为了让自己具有男子气概，常常效仿英雄举动；女孩会努力让自己更吸引人，焕发出青春的气息。

2.2 儿童体型绘制

在时装效果图中，绘制人体是以“头长”为单位表示的。借助以头长为单位的辅助线，可以掌握儿童体型各部分的比例关系，如图 2–1 所示。

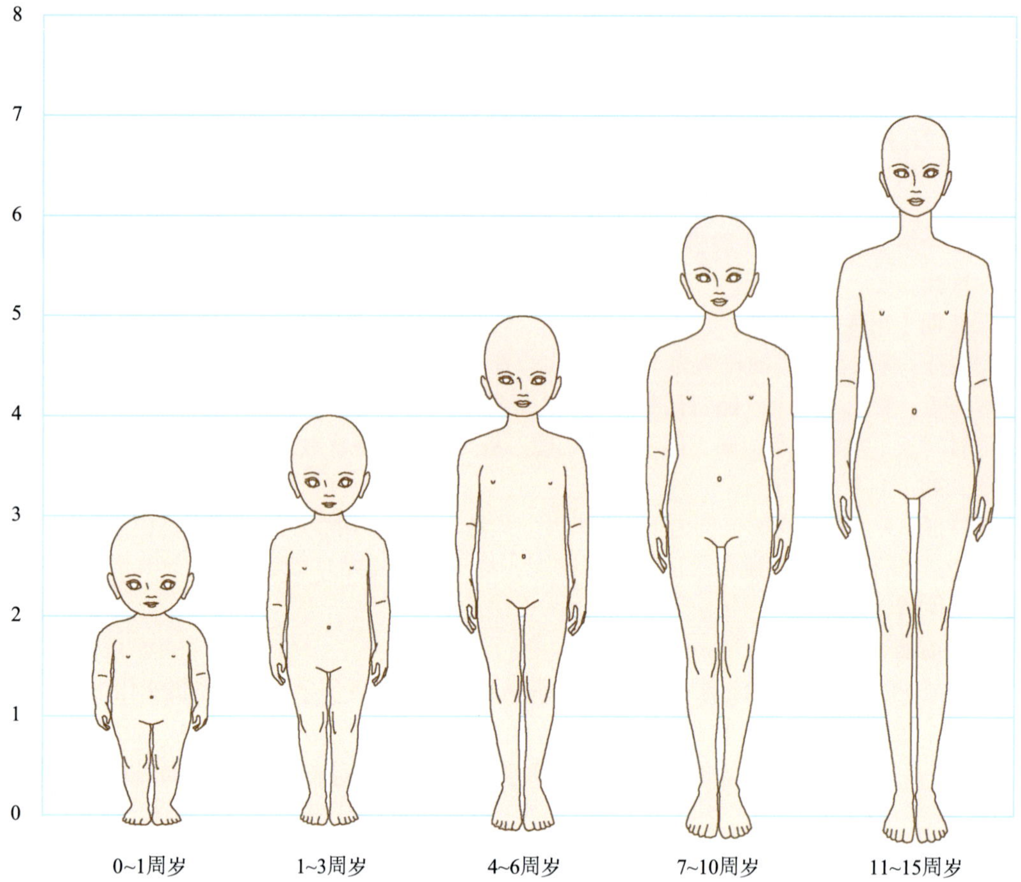

图 2–1　儿童体型比例

在图 2–1 中，不同年龄阶段儿童头部的大小相同。而实际上，幼儿的头部比青少年的要小一些，这一变化在画面上未予表现。画面上的平行线关系着儿童人体不同部位的位置，看看头的大小与每个儿童的身体比例，自上而下地进行研究，就会对儿童体型的比例变化有清楚的认识。

步骤【1】

启动 Photoshop 软件，新建一个文件。单击菜单【视图】→【标尺】，在工作区旁边显示标尺。用鼠标按住横向标尺，向工作区拉出水平参考线，如图 2–2 所示。

步骤【2】

使用【钢笔工具】画出人体各部分的轮廓线，如图 2–3 所示。

步骤【3】

设置前景色，在人体轮廓路径上单击右键，选择【描边路径】，弹出【描边路径】对话框，选择【铅笔】，如图 2–4 所示。

步骤【4】

选中路径，单击右键，选择【建立选区】，如图 2–5 所示。

步骤【5】

设置前景色，使用【油漆桶工具】给人体填充皮肤色，如图 2-6 所示。

图 2-2

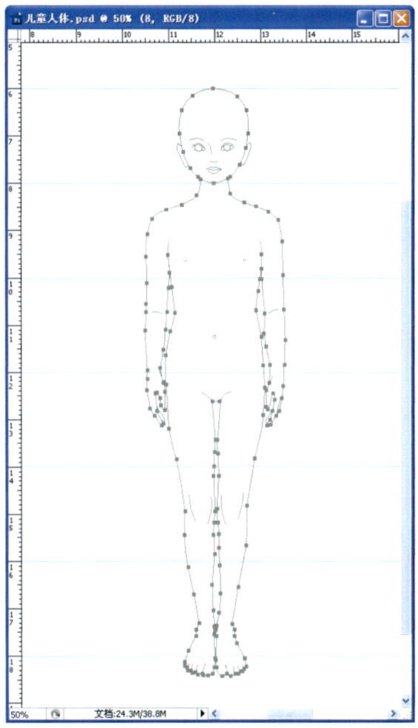

图 2-3

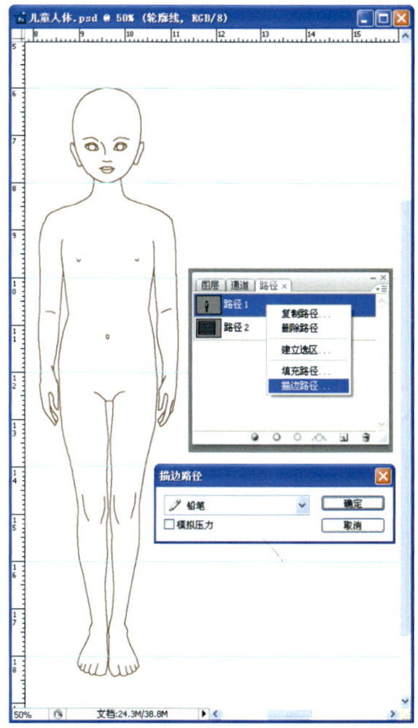

图 2-4

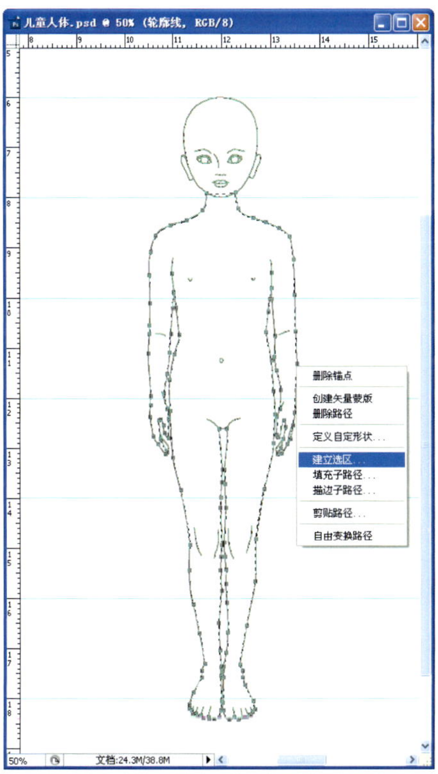

图 2-5

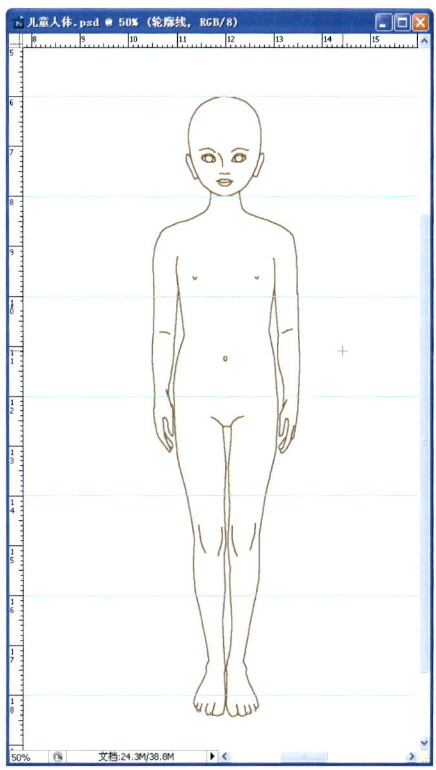

图 2-6

2.2.1　儿童头部绘制

儿童的年龄越小，头部相对于身体的比例就越大。儿童的头部较圆，额头较宽，五官比较分散，眼睛的位置较低，下巴不明显，颈部较短，如图 2-7 所示。

图 2-7　儿童头部

步骤【1】

使用 【钢笔工具】画出头部及五官的轮廓线，如图 2-8 所示。

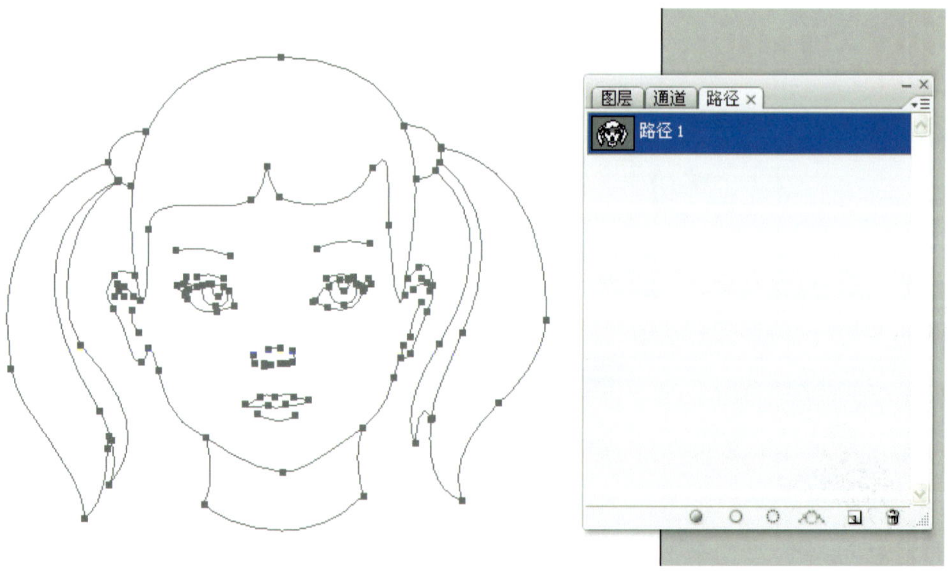

图 2-8

步骤【2】

设置前景色，使用 【路径选择工具】选择脸部线条，在路径上单击右键，选择【描边子路径】，弹出【描边子路径】对话框，选择【铅笔】，如图 2–9 所示。

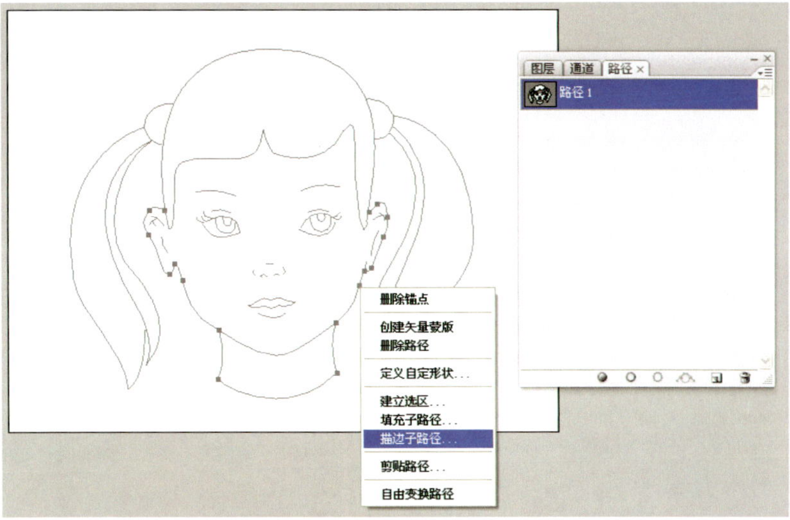

图 2–9

步骤【3】

设置不同的前景色，使用【路径选择工具】分别选中头发、五官线条，在路径上单击右键，选择【描边子路径】，弹出【描边子路径】对话框，选择【铅笔】，给头部画上目标颜色的轮廓线，如图 2–10 所示。

步骤【4】

使用【路径选择工具】选择头发路径，单击右键，选择【建立选区】，如图 2–11 所示。

图 2–10

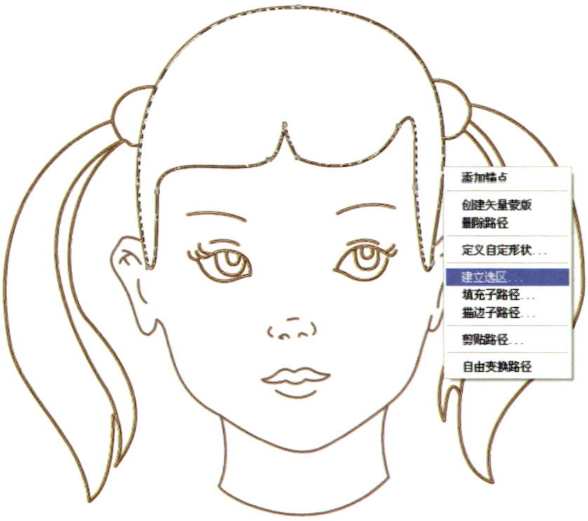

图 2–11

步骤【5】

新建一个图层，设置不同的前景色，使用【油漆桶工具】给头发、脸部填充目标颜色，如图 2–12 所示。

步骤【6】

使用【加深工具】和【减淡工具】对头发、脸部进行亮部和暗部颜色调整，如图 2-13 所示。

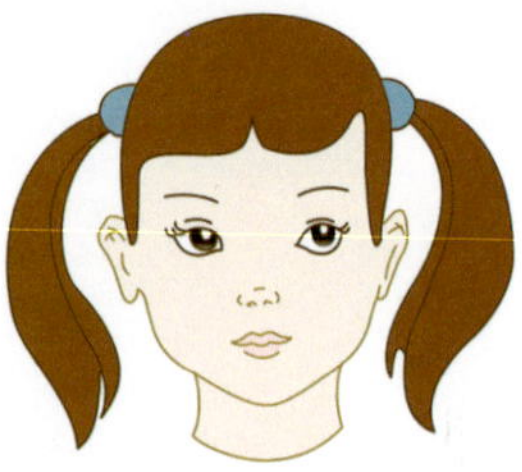

图 2-12

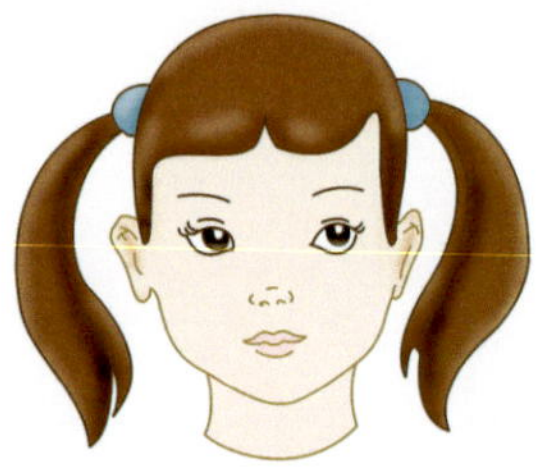

图 2-13

2.2.2 儿童人体动态绘制

人体随着运动能产生成千上万种动态变化，选择恰当的人体动态是画好时装效果图的关键（图 2-14~图 2-18）。

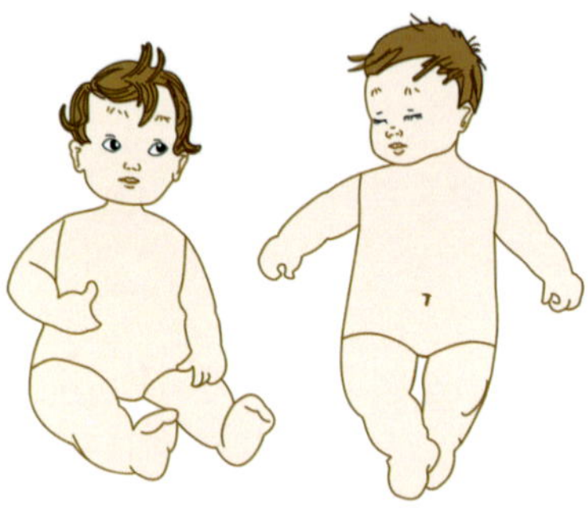

图 2-14 0~1 岁儿童动态

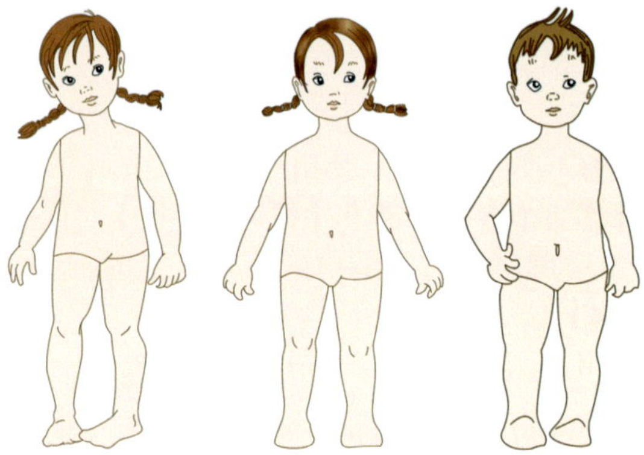

图 2-15 1~3 岁儿童动态

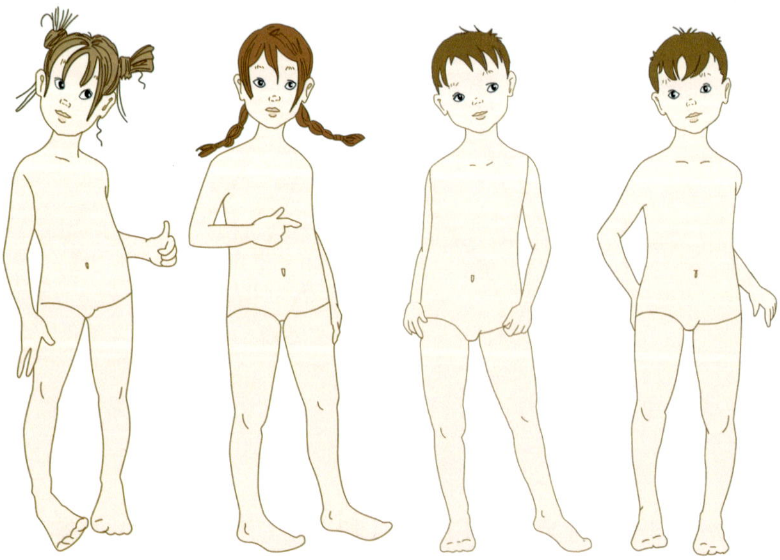

图 2-16 4~6 岁儿童动态

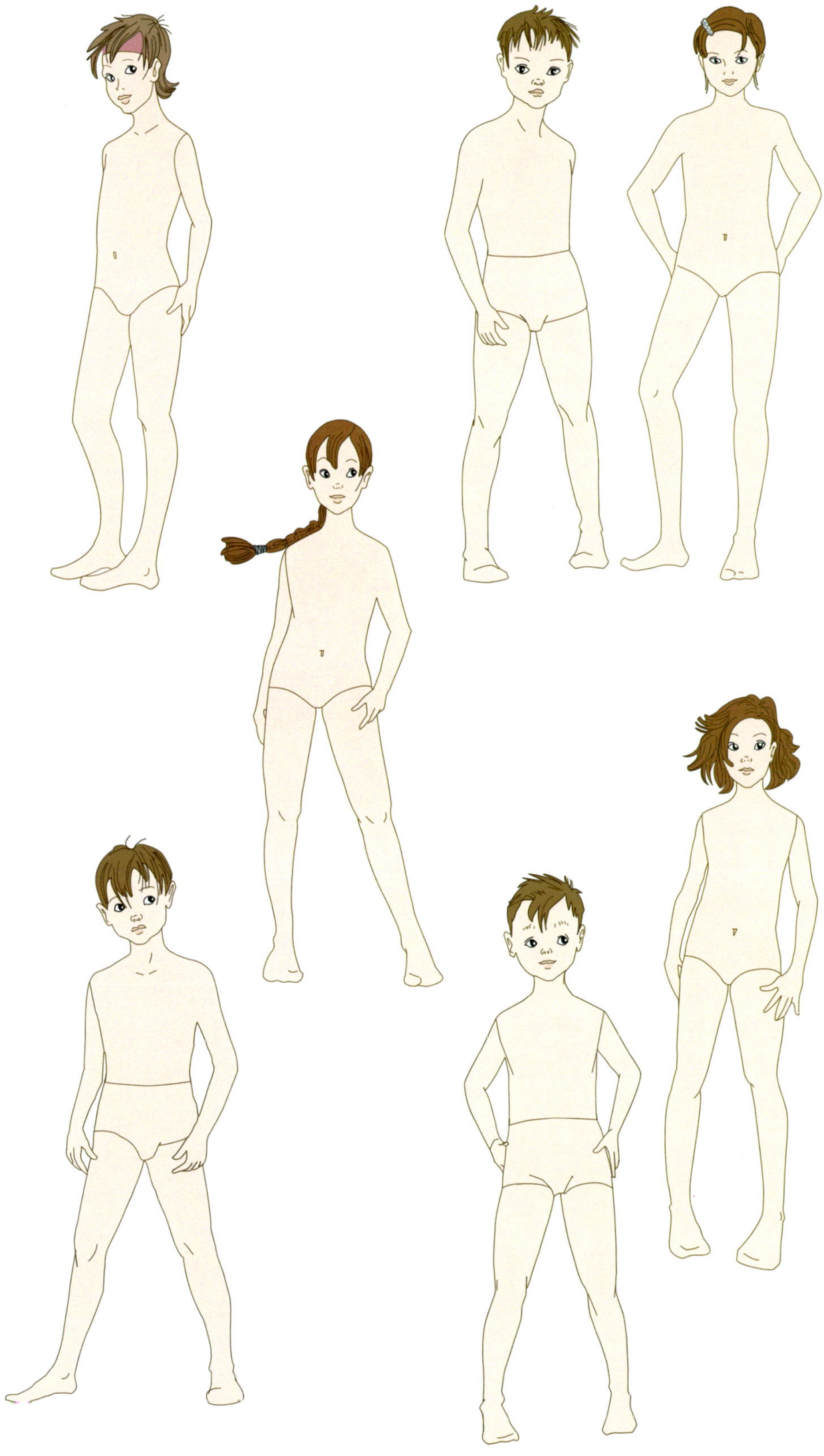

图 2-17 7~10 岁儿童动态

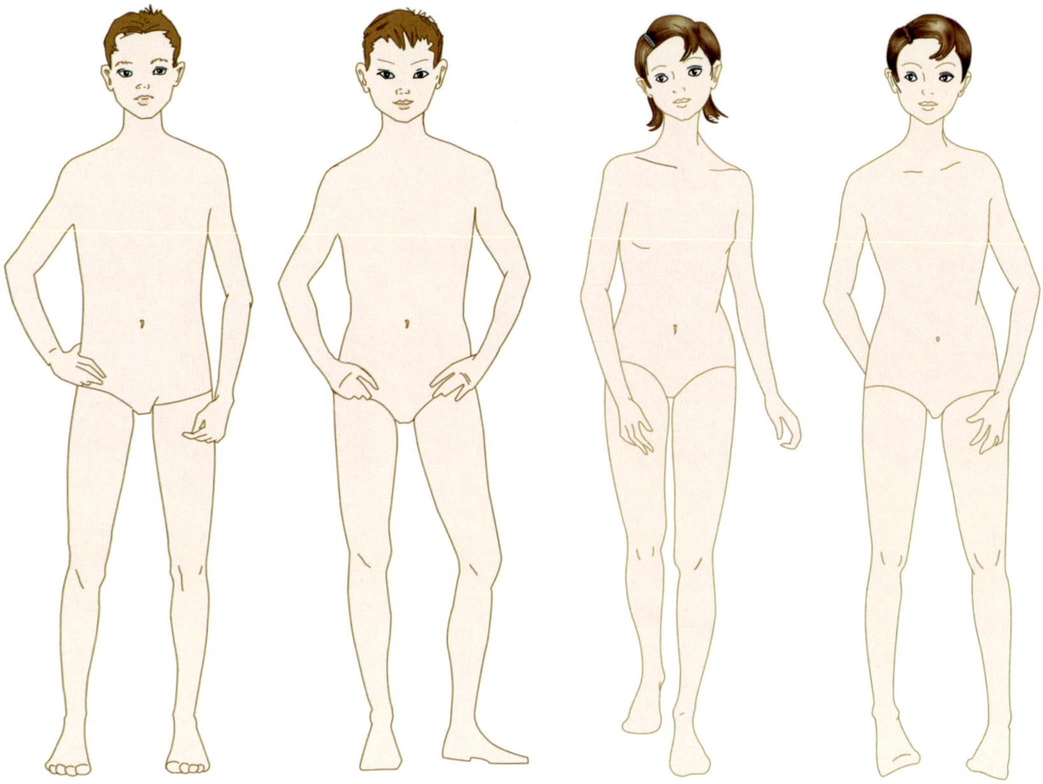

图 2-18　11~15 岁儿童动态

步骤【1】

启动 Photoshop 软件，使用【钢笔工具】画出人体的轮廓线，如图 2-19 所示。

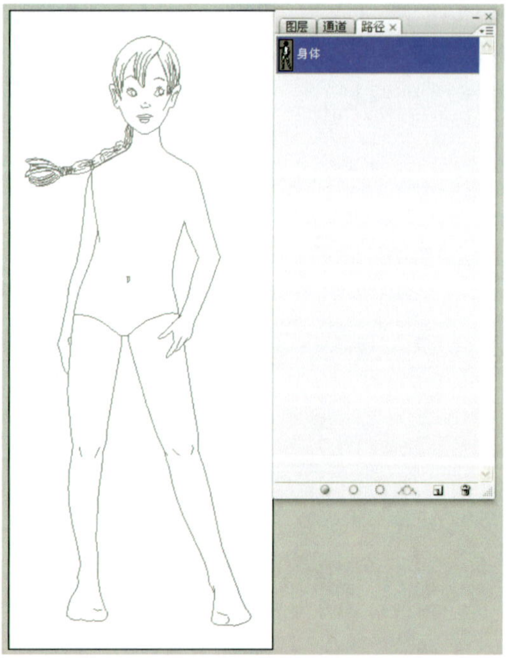

图 2-19

步骤【2】

新建一个图层，设置前景色，在人体轮廓路径上单击右键，选择【描边子路径】，弹出【描边子路径】对话框，选择【铅笔】，如图 2–20 所示。描边后的轮廓线效果如图 2–21 所示。

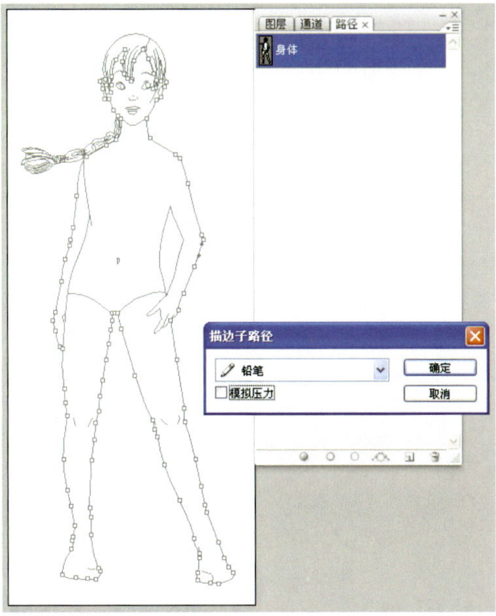

图 2–20

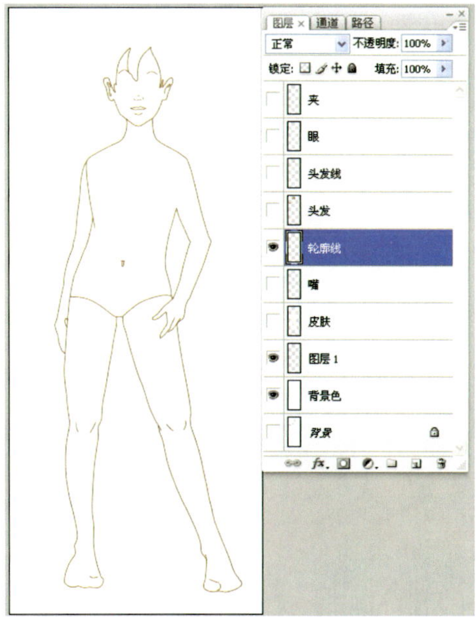

图 2–21

步骤【3】

新建一个图层，选中路径，单击右键，选择【建立选区】，设置前景色，使用【油漆桶工具】给人体填充目标皮肤色，如图 2–22 所示。填充皮肤色后的效果如图 2–23 所示。

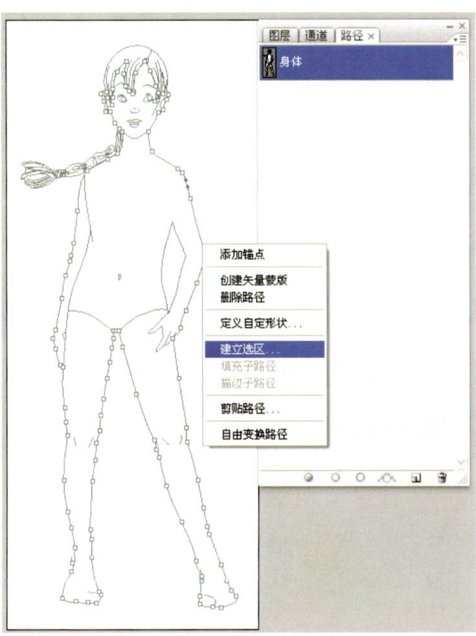

图 2–22

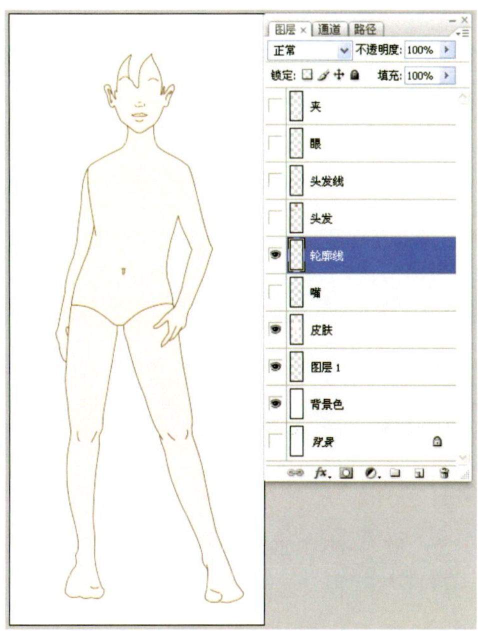

图 2–23

步骤【4】

设置不同的前景色，使用【路径选择工具】分别选中头发、五官线条，在路径上单击右键，选择【描边子路径】，弹出【描边子路径】对话框，选择【铅笔】，给头部和五官画上不同颜色的轮廓线，如图 2–24 所示。

步骤【5】

使用【路径选择工具】选中头发路径，单击右键，选择【建立选区】，新建一个图层，设置不同的前景色，使用【油漆桶工具】给头发填充颜色，如图 2–25 所示。

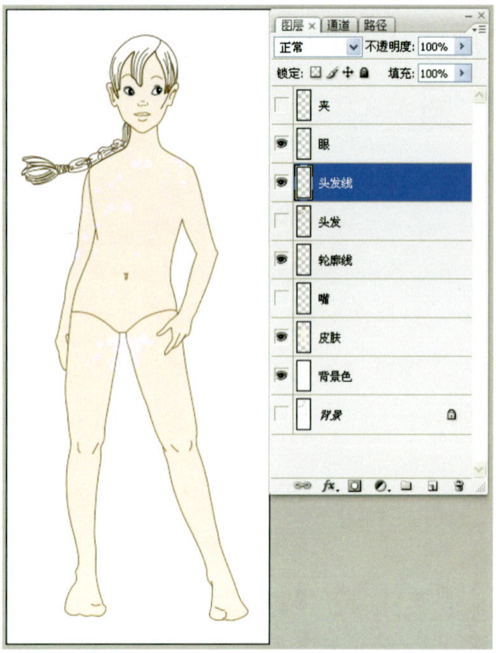

图 2–24

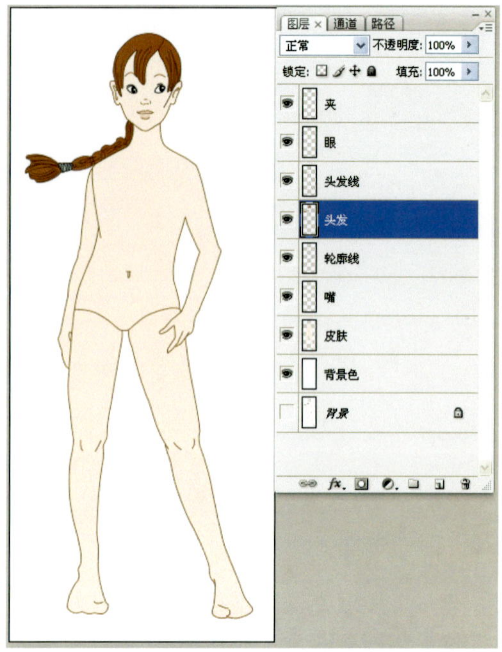

图 2–25

第三章　童装图案的表现

图案造型是童装的重要组成部分，它不仅能满足儿童对外面世界充满好奇的心理特点，而且能在很大程度上丰富童装设计，在简洁的款式上添加生动的图案是童装中常用的设计手法。电脑绘制的图案最终要通过一定的工艺形式表现在童装上，工艺技术在一定程度上会制约设计效果，因此，设计师必须了解各种工艺的特点，才能使设计的图案适合生产，并且利用工艺的特点超越纸面的效果。

3.1　胶印效果的表现

传统印花工艺在童装中最常见的是水浆印花和胶浆印花。水浆即水性染料，这种染料透明，覆盖力不强，只能印在白色或浅色的底布上，印制完成的图案不会改变面料原来的手感，价格便宜，适合大面积的印花；胶浆印花简称胶印，覆盖力很好，可在深色底布上印浅色图案，有一定的光泽，印出的图案有一定的硬度，不适合大面积印花。如果要印大面积图案，则要与水浆结合，或者将图案镂空、打散，如图 3–1 所示。

图 3–1　童装图案的胶印效果

步骤【1】

打开 Photoshop CS3，新建一个文件。用鼠标按住标尺向工作区移动，拉出参考线。用【钢笔工具】沿参考线画一个闭合路径，如图 3–2 所示。

步骤【2】

设置前景色，在【路径】面板上单击右键，点选弹出菜单中的【填充路径】，在弹出的【填充路径】对话框中设置参数，如图 3–3 所示。

步骤【3】

依次单击菜单【图像】→【模式】→【灰度】，单击弹出【灰度】对话框中的【好】，扔掉颜色，合并图层，如图 3–4 所示。

步骤【4】

依次单击菜单【滤镜】→【像素化】→【彩色半调】，如图 3–5 所示。

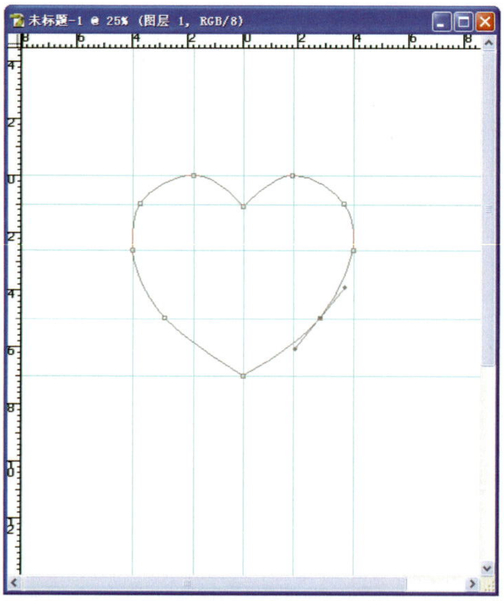

图 3-2

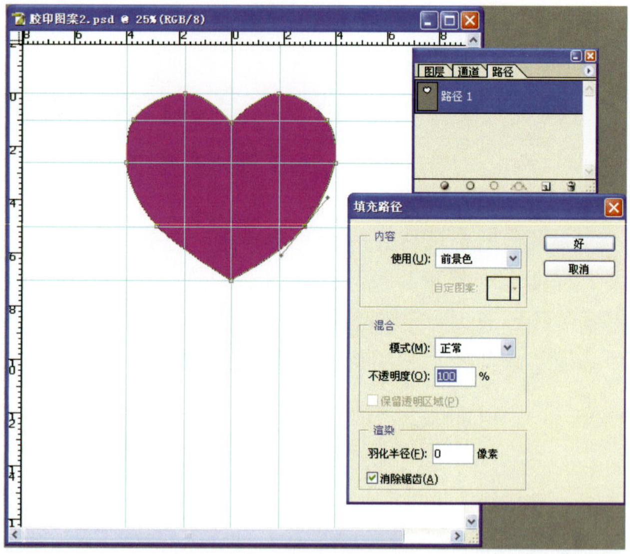

图 3-3

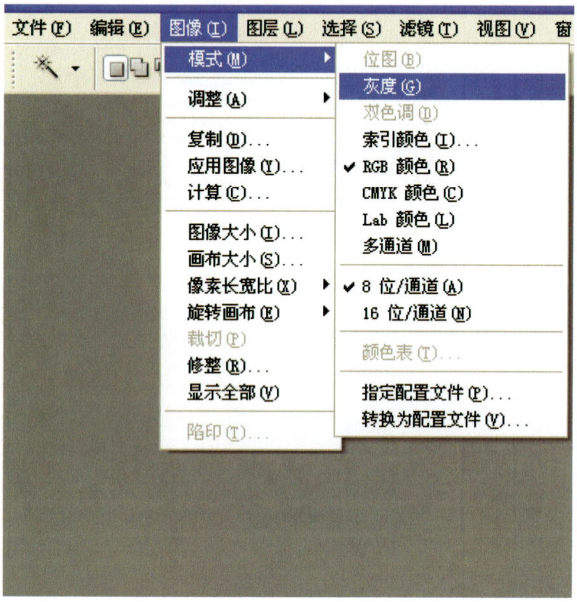

图 3-4

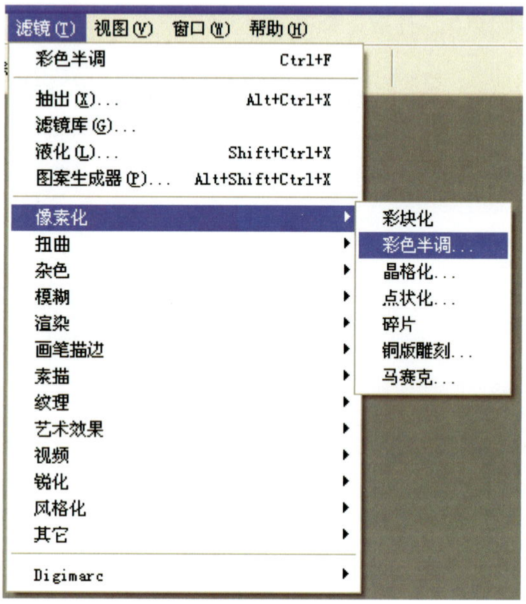

图 3-5

步骤【5】

在弹出的【彩色半调】对话框中设置参数，如图 3-6 所示。

步骤【6】

依次单击菜单【图像】→【模式】→【CMYK 颜色】，如图 3-7 所示。

步骤【7】

依次单击菜单【选择】→【色彩范围】，在弹出的对话框中用吸管选择白色，如图 3-8 所示。

步骤【8】

单击键盘上的“Delete”键，删除白色部分，画面呈现透明背景，如图 3-9 所示。

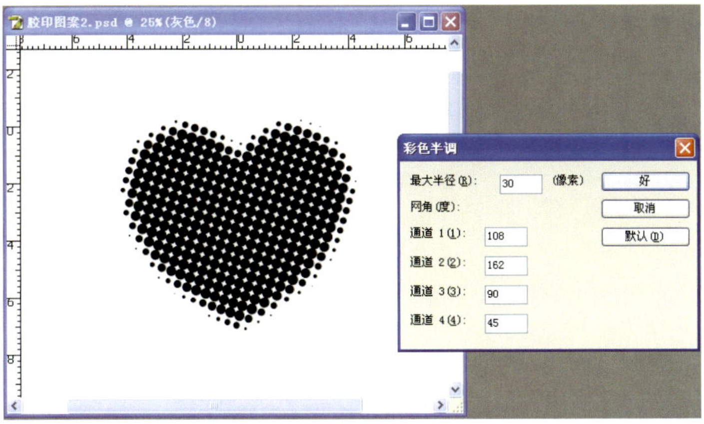

图 3-6

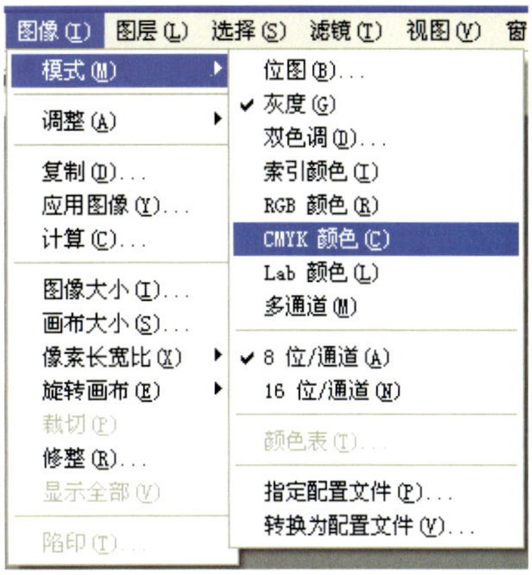

图 3-7

图 3-8

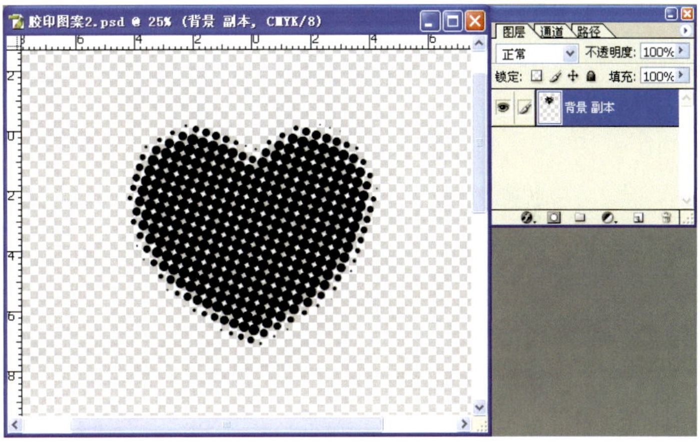

图 3-9

步骤【9】

依次单击菜单【图像】→【调整】→【色相饱和度】，在弹出的对话框中调整参数设置，如图 3-10 所示。

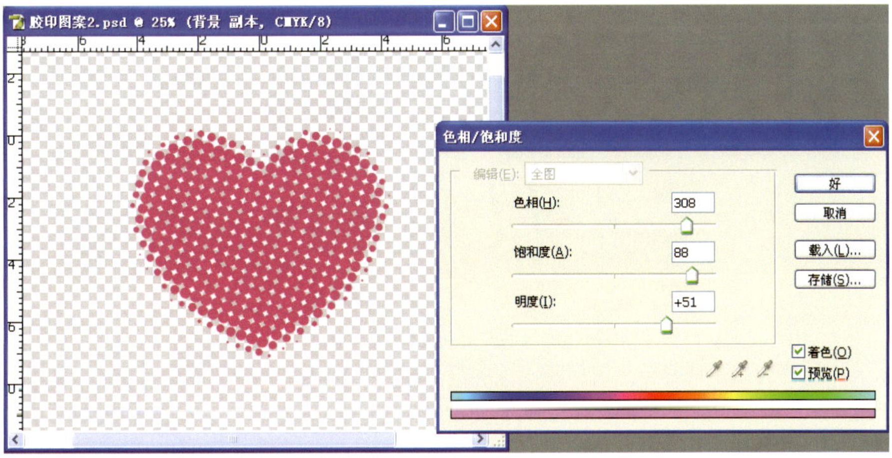

图 3-10

步骤【10】

另存为“胶印图案.jpg”文件。打开 CorelDRAW，新建一个文件，依次单击菜单【文件】→【导入】，导入“胶印图案.jpg”，如图 3-11 所示。

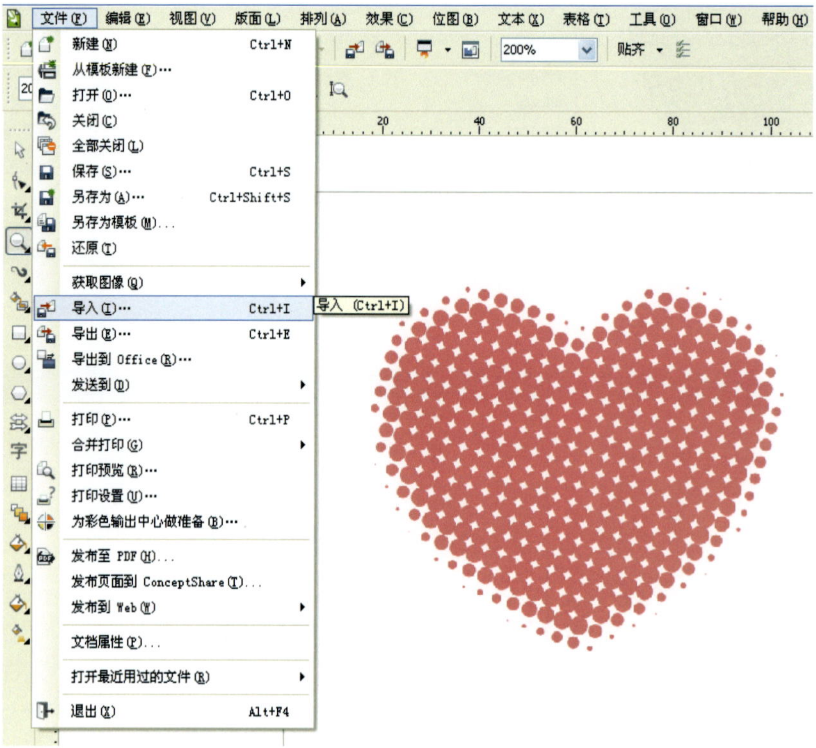

图 3-11

步骤【11】

使用 字【文本工具】在图案添加文字，用【基本形状工具】添加装饰图形，如图 3-12 所示。

图 3-12

3.2　贴布绣效果的表现

贴布绣是绣花工艺的一种，将不同花色的布片拼贴成图案，在童装上运用较多，如图 3-13 所示。

图 3-13　童装图案的贴布绣效果

步骤【1】

使用 字【文本工具】输入文字，在【对象属性】对话框中设置字体轮廓的宽度为“11.0pt”，如图 3-14 所示。

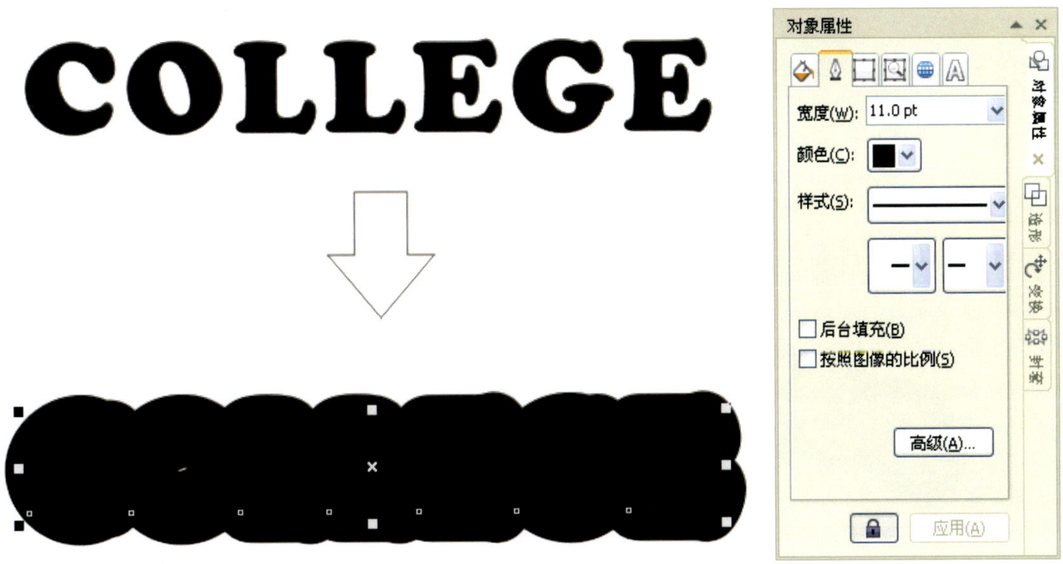

图 3-14

步骤【2】

复制粘贴这些文字在原来的位置，设置字体轮廓的样式为虚线，选择合适的填充类型，如图 3-15 所示。

步骤【3】

使用【挑选工具】框选所有文字，依次单击菜单【排列】→【群组】。单击【交互式封套工具】，在属性栏单击【添加新封套】，移动节点改变字体形状，如图 3-16 所示。

图 3-15

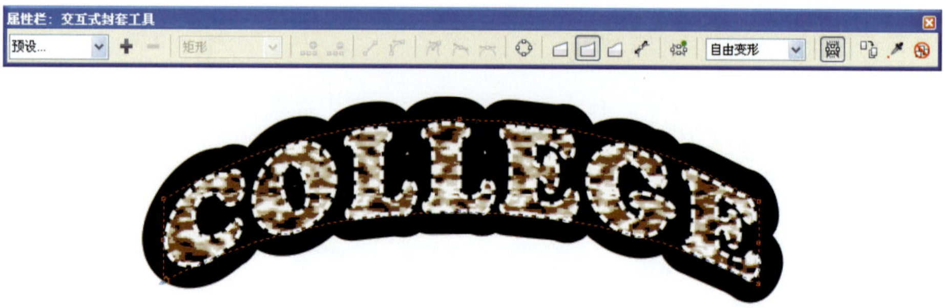

图 3-16

步骤【4】

用相同方法绘制其他文字效果，如图 3-17 所示。

图 3-17

步骤【5】

使用【矩形工具】按住“Ctrl”键画一个正方形，在属性栏中设置合适的尺寸。在【变换】泊坞窗输入相应的水平位置参数，单击【应用到再制】，即可画出等距离的图形，如图 3-18 所示。

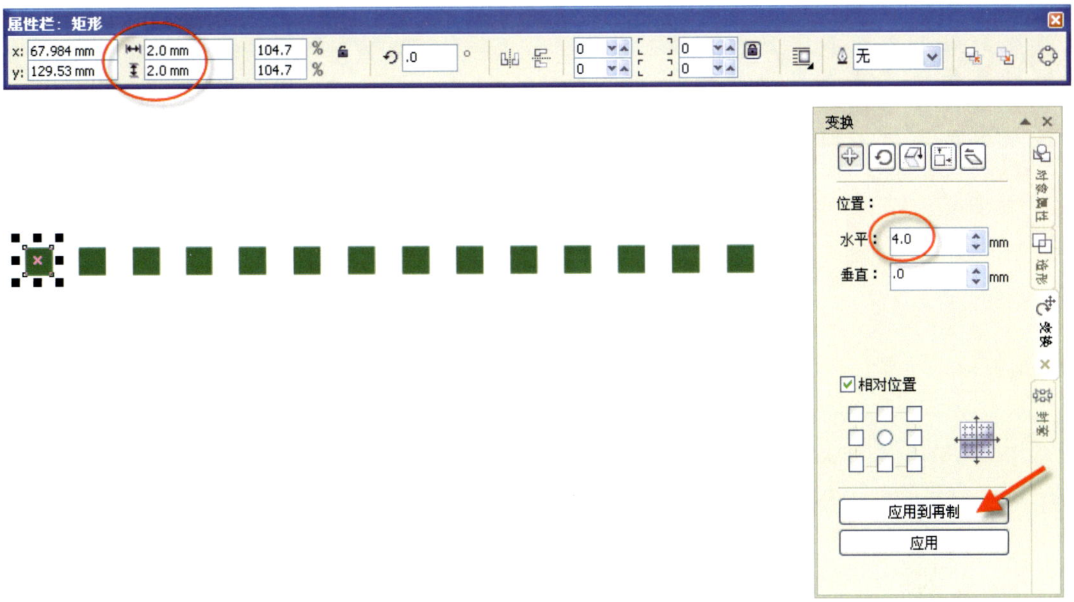

图 3-18

步骤【6】

使用【挑选工具】框选所有图形，在【变换】泊坞窗输入相应的水平、垂直位置数值，单击【应用到再制】，即可画出等距离的图形，如图 3-19 所示。

图 3-19

步骤【7】

用相同方法画出所需的图形，使用【挑选工具】调整所绘图形的角度和位置，然后依次单击【排列】→【顺序】→【到页面后面】，将调整好的图案放置在文字后面，如图 3-20 所示。

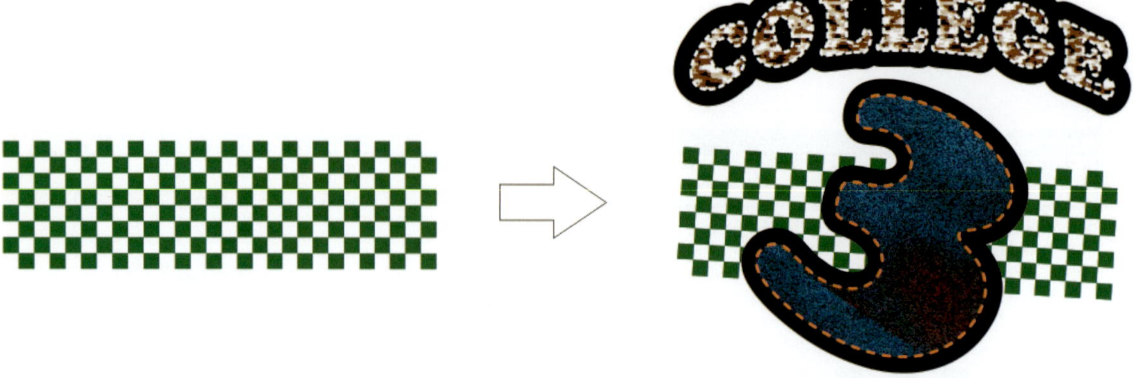

图 3-20

3.3 烫钻效果的表现

童装烫钻图案可分为烫钻、烫闪片、烫金银箔、烫镭射粒等。烫钻类图案是一种不用油墨和染料的工艺，它借助一定的压力和温度，将闪片黏合到面料上，使图案增添光泽，适合以点为构图的图案，通常与光滑的面料结合使用，如图 3-21 所示。

图 3-21 童装图案的烫钻效果

步骤【1】

使用【椭圆形工具】按住“Ctrl”键画一个正圆，填充需要的颜色。使用【折线工具】画出正圆中间暗色部分和两边亮色部分，填充合适的颜色，如图 3-22 所示。使用【形状工具】将正圆调整至合适形状，即画好一粒珠子。

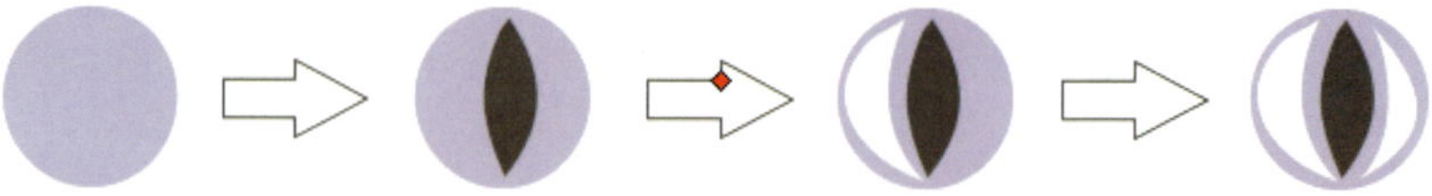

图 3-22

步骤【2】

复制一粒珠子粘贴到工作区右侧，使用【交互式调和工具】，单击第一粒珠子，按住鼠标移动到另一粒珠子再放开。在属性栏改变步长参数，即可画好一串珠子，如图 3-23 所示。

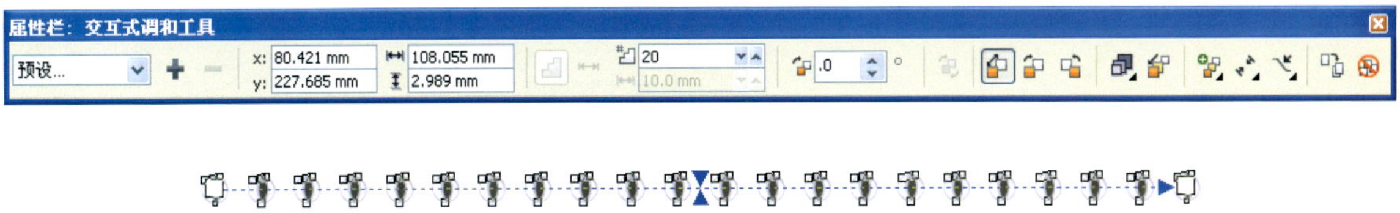

图 3-23

步骤【3】

单击菜单【文件】→【另存为】，弹出【保存绘图】对话框，在【文件类型】中选择“CMX”，输入文件名，单击【保存】，如图 3-24 所示。

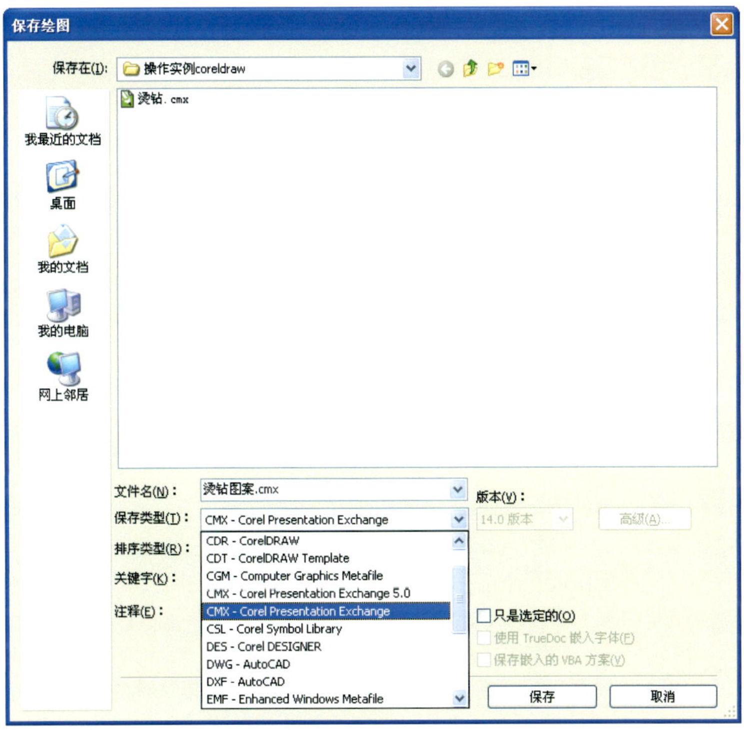

图 3-24

步骤【4】

单击【艺术笔工具】，在属性栏单击【浏览】，在弹出的【浏览文件夹】对话框中点选刚才保存的文件夹，单击【确定】，如图 3-25 所示。

步骤【5】

使用【艺术笔工具】随意画一串珠子，使用【形状工具】调整至合适形状，如图 3-26 所示。

步骤【6】

用相同方法绘制其他形状和颜色的珠子，如图 3-27 所示。

图 3-25

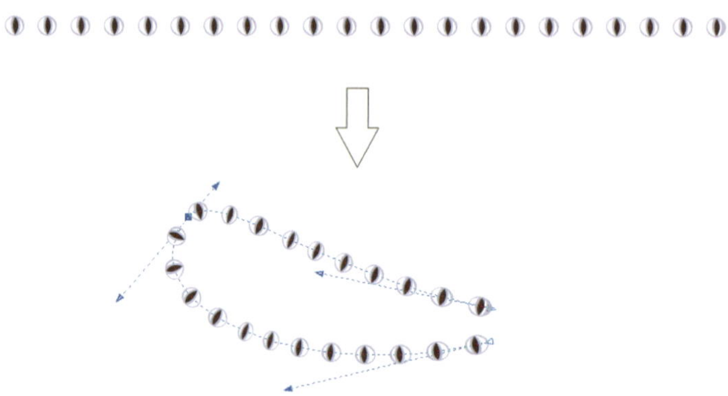

图 3-26

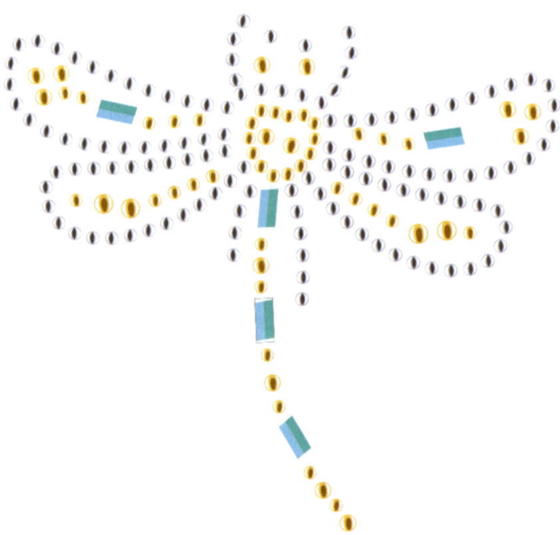

图 3-27

3.4　编织效果的表现

编织工艺是由线圈串套而成，利用不同针法和不同颜色纱线的搭配，形成丰富的图案肌理效果，如图 3–28 所示。

图 3–28　童装图案的编织效果

步骤【1】

使用【椭圆形工具】画一个最基本的毛衫图案单元。使用【交互式调和工具】画出一列毛衫图案。单击菜单【排列】→【打散调和群组】，将这一列图案复制粘贴到工作区右侧，再次使用【交互式调和工具】画出编织效果图案。选择填充颜色，并使用【矩形工具】加上背景色。单击标尺，并按住鼠标移动到页面，拉出水平和垂直辅助线，设置图案区域，如图 3–29 所示。

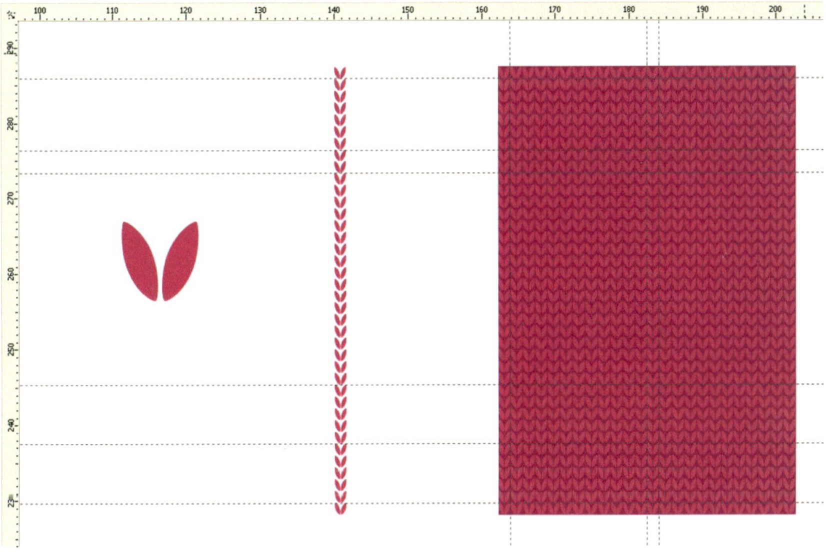

图 3–29

步骤【2】

改变其中一个单元的颜色，使用【滴管工具】吸取它的颜色，使用【颜料桶】填充目标单元，如图 3-30 所示。

图 3-30

步骤【3】

继续使用【滴管工具】和【颜料桶】填充其他单元，如图 3-31 所示。

图 3-31

步骤【4】

使用【挑选工具】框选所有图形，根据【属性栏】的数据，在【变换】泊坞窗输入相应水平位置的数值，单击【应用到再制】，即可画出等距离的图形，如图 3-32 所示。

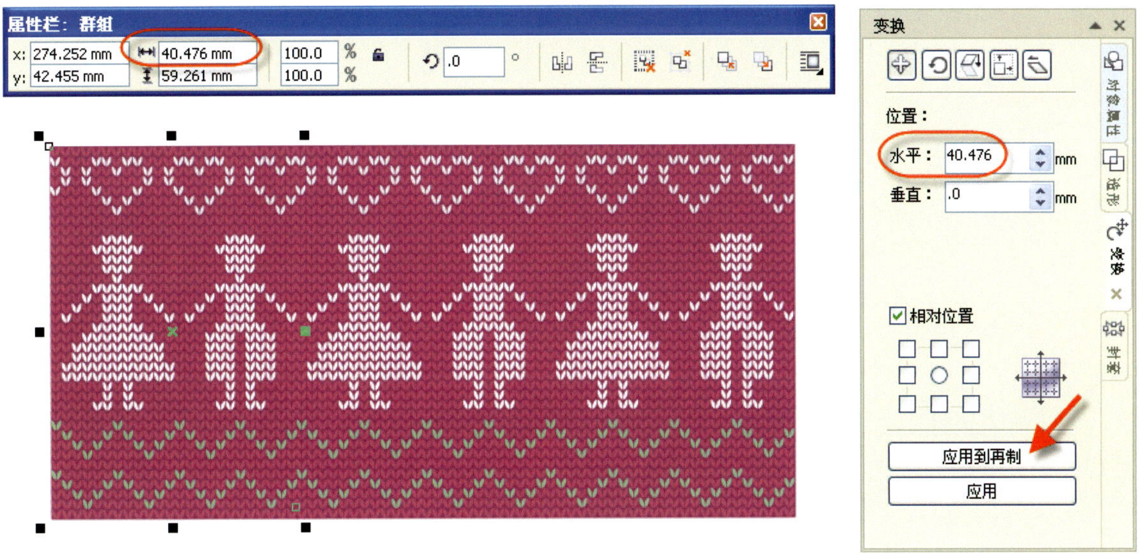

图 3-32

3.5　金属效果的表现

金属效果的图案可以通过烫金箔或闪粉印花来实现。烫金箔借助一定的压力和温度，将金银箔黏合到面料上，使图案呈现金属光泽；闪粉印花是将金银闪粉黏合到面料上，如图 3-33 所示。

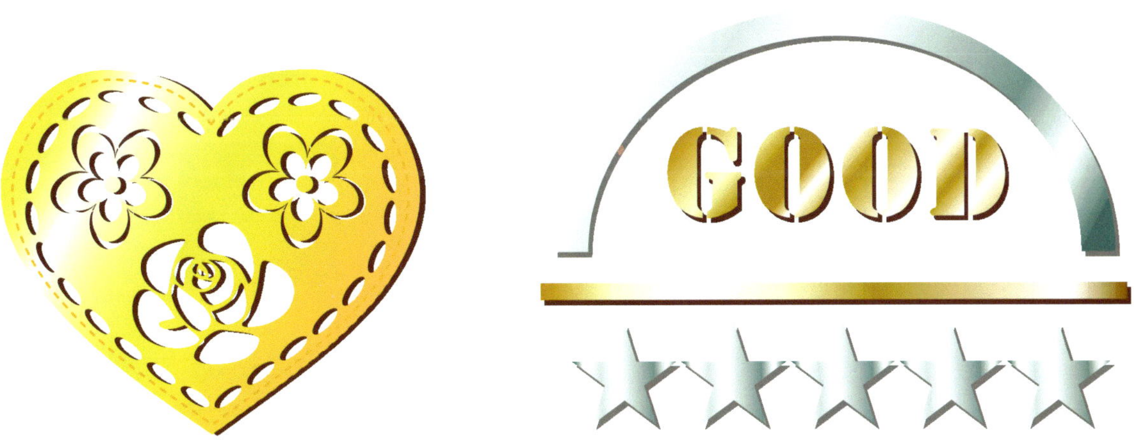

图 3-33　童装图案的金属效果

步骤【1】

使用【文本工具】输入文字，使用【椭圆形工具】和【矩形工具】画出装饰线，使用【基本形状工具】添加星形图案，如图 3-34 所示。

图 3-34

步骤【2】

在【对象属性】窗口设置轮廓【宽度】为“无”,【填充类型】为“渐变填充”，单击【高级】,弹出【渐变填充】窗口，在【预设】栏选择所需的渐变填充形式，单击【颜色调和】选区内的三角形可改变渐变颜色，在【选择】选区内【角度】栏调整渐变的方向，如图 3-35 所示。

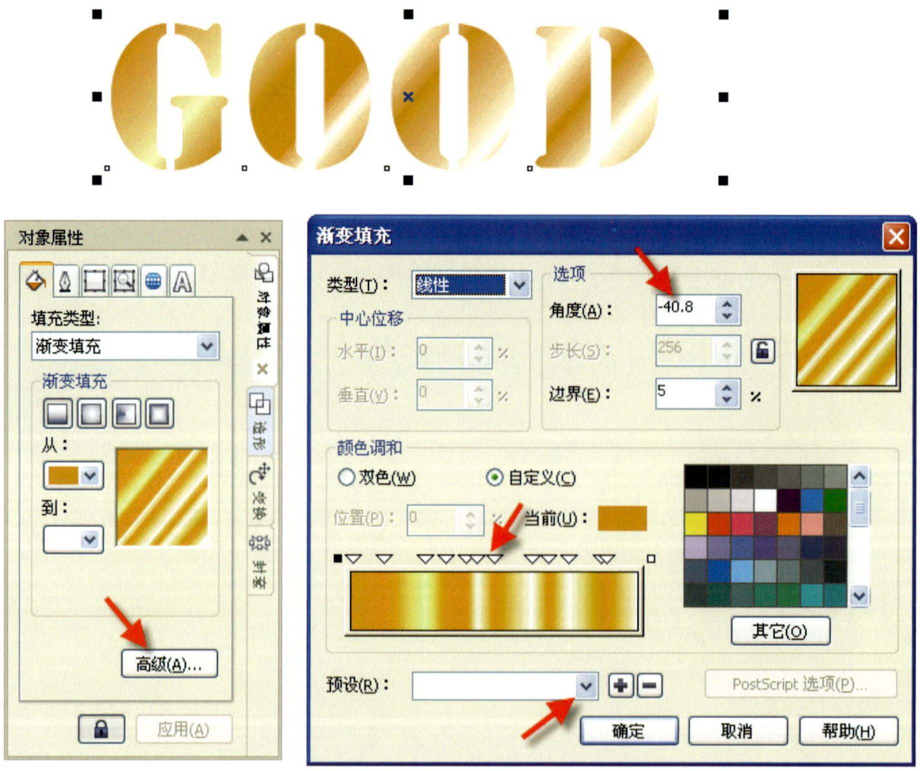

图 3-35

步骤【3】

复制一组原文字并粘贴在原文字上，填充较深的颜色后向原文字右下方稍稍移动一些，单击菜单【排列】→【顺序】→【到页面后面】,增加文字的立体感，如图 3-36 所示。

图 3-36

步骤【4】

用相同方法绘制其他图形的金属效果，如图 3-37 所示。

图 3-37

3.6　印章效果的表现

图案的印章效果是随着近年磨旧风格的流行而兴起，它既可以用现代印染技术在图案表面进行高温刻蚀或各种水洗整理产生做旧效果，也可以通过漂洗、破烂等手工的方式形成 DIY 风格，在牛仔风格的童装中尤为多见，这种图案还可以使用绣、烫、钉等工艺再做修饰，增强艺术效果，如图 3-38 所示。

图 3-38　童装图案的印章效果

步骤【1】

使用 【椭圆形工具】画两个同心圆，并填充颜色，如图 3-39 所示。

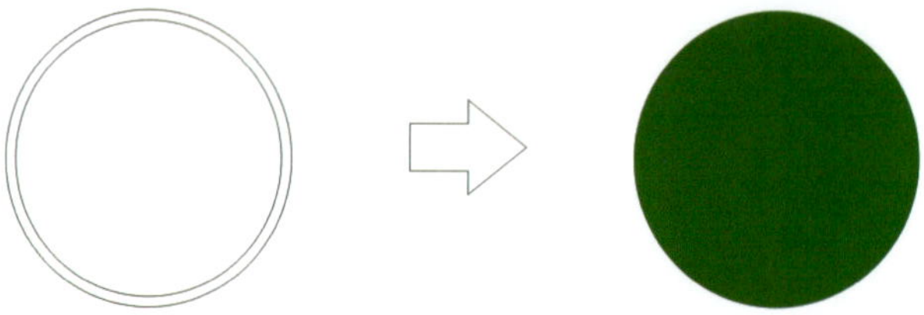

图 3-39

步骤【2】

打开【造形】泊坞窗，单击内圆，单击【修剪】，再单击外圆，即画好一个圆环，如图 3-40 所示。

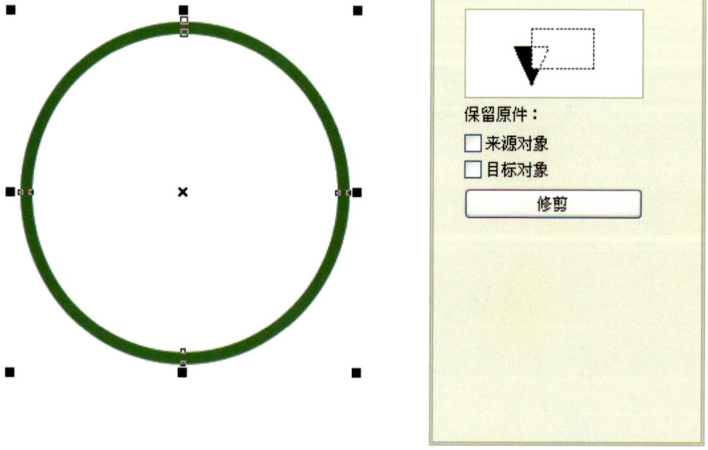

图 3-40

步骤【3】

相同方法再画一个同心的小圆环。在两个圆环之间画一个圆，用 字【文本工具】输入文字，依次单击菜单【文本】→【使文本适合路径】，单击圆形，输入的文字按圆形排列，如图 3–41 所示。

图 3–41

步骤【4】

添加其他文字或图形，使用【橡皮擦工具】将图形擦除一部分即可完成，如图 3–42 所示。

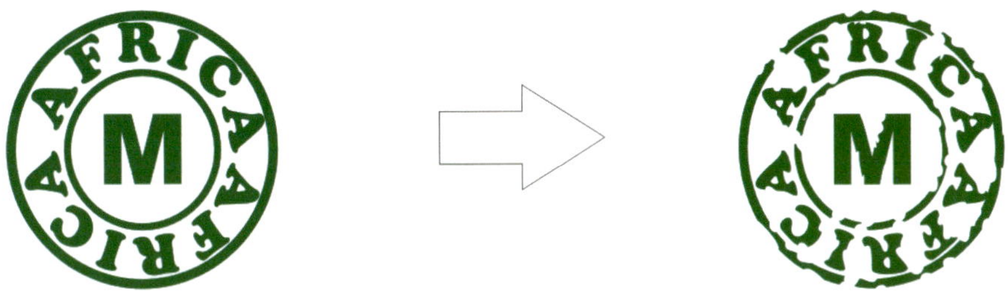

图 3–42

3.7　纽扣装饰效果的表现

童装图案常用纽扣来装饰，以表现儿童的童真童趣，如图 3–43 所示。

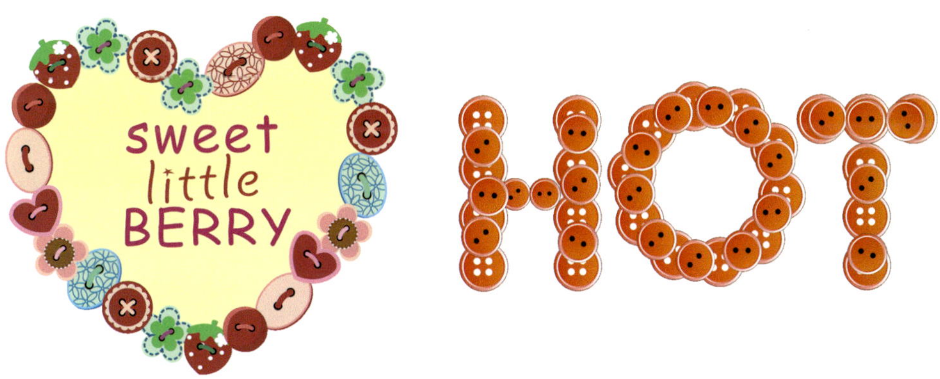

图 3–43　童装图案的纽扣装饰效果

步骤【1】

使用【椭圆形工具】按住“Ctrl”键绘制正圆，使用【挑选工具】将旋转中心移到合适位置，在【变换】泊坞窗中输入目标角度，勾选【相对中心】，单击【应用到再制】，如图 3–44 所示。

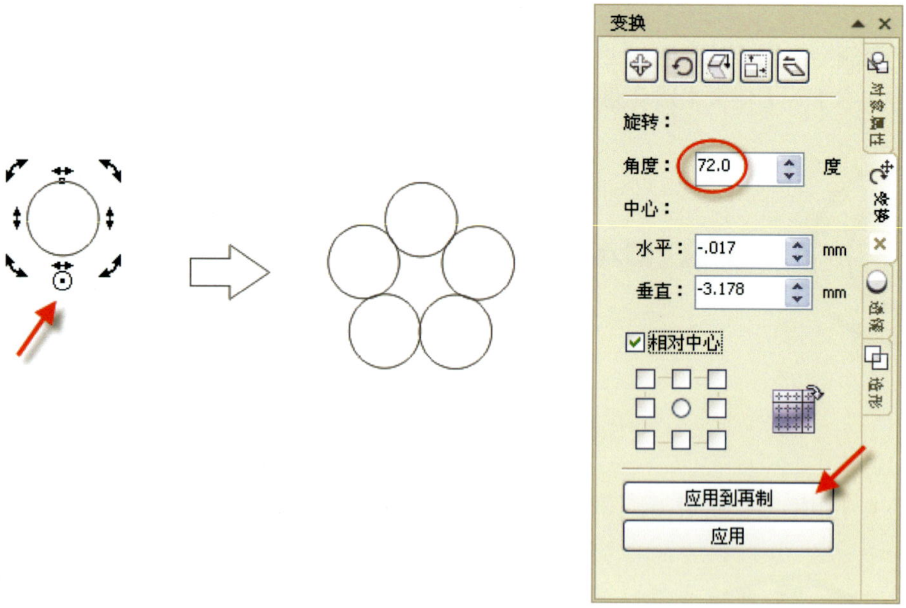

图 3-44

步骤【2】

使用【椭圆形工具】，按住“Ctrl”键，在 5 个圆中心画个正圆，使用【挑选工具】框选所有圆形，在【属性栏】中单击【焊接】，将这几个圆连接成一个图形，如图 3-45 所示。

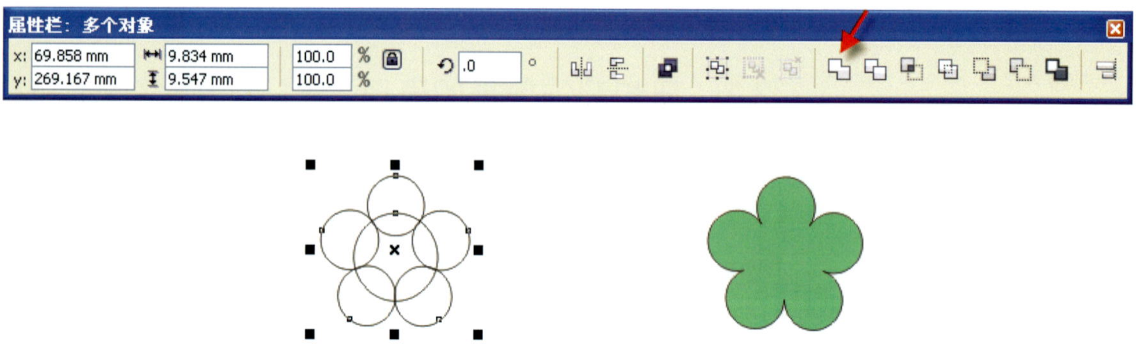

图 3-45

步骤【3】

复制粘贴几个同样的图形，调整至合适大小后改变填充颜色及轮廓线型，如图 3-46 所示。

图 3-46

步骤【4】

使用 【椭圆形工具】，按住“Ctrl”键画纽扣孔，使用 【手绘工具】绘制缝线，如图 3-47 所示。

图 3-47

步骤【5】

用相同方法绘制其他的纽扣，如图 3-48 所示。

图 3-48

步骤【6】

使用 【基本形状工具】画一个心形，并填充颜色，将纽扣按形状摆放，如图 3-49 所示。

步骤【7】

使用 【文本工具】输入文字，如图 3-50 所示。

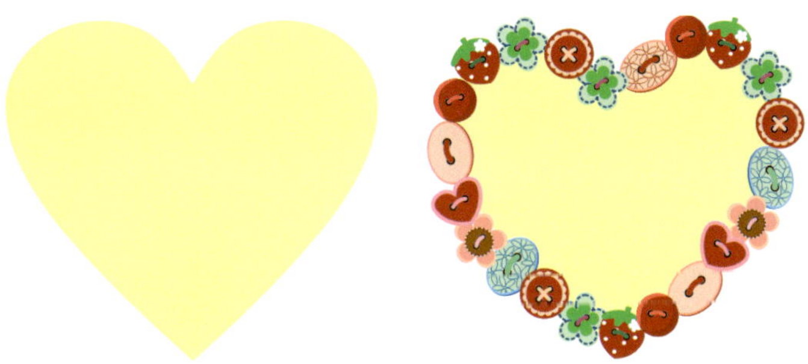

图 3-49

图 3-50

第四章　童装面料的设计与表现

本章选取童装中较为常见的几种面料进行效果图表现，利用 Photoshop CS 软件中的滤镜功能对图像进行各种加工，该软件在表现面料的肌理效果方面较为逼真，可以提高设计效率。

4.1　牛仔面料的设计与表现

牛仔面料是童装的常用面料，传统的牛仔面料经向使用白色纯棉纱线，纬向使用靛蓝染色纱线，是一种斜纹色织布，使用不同纱线、不同的组织结构，加上各种水洗打磨等整理工艺，还能生产出各种彩色牛仔布、闪光牛仔布、印花牛仔布、人为损伤牛仔布等。这里讲述的是如何表现传统的牛仔面料，重点是表现色织效果和斜纹组织，如图 4-1 所示。

图 4-1　牛仔面料的设计与表现

步骤【1】

新建一个文件，单击放大视图。使用【矩形选框工具】在工作区单击拉出矩形选框，使用【油漆桶工具】将选区填充为黑色。使用【矩形选框工具】移动选区，使用【油漆桶工具】将选区填充为灰色。使用【矩形选框工具】沿两个色块边缘拉出矩形选框，单击【编辑】→【定义图案】，弹出【图案名称】对话框，输入图案名称，单击【确定】，依次单击【选择】→【取消选择】。如图 4-2 所示。

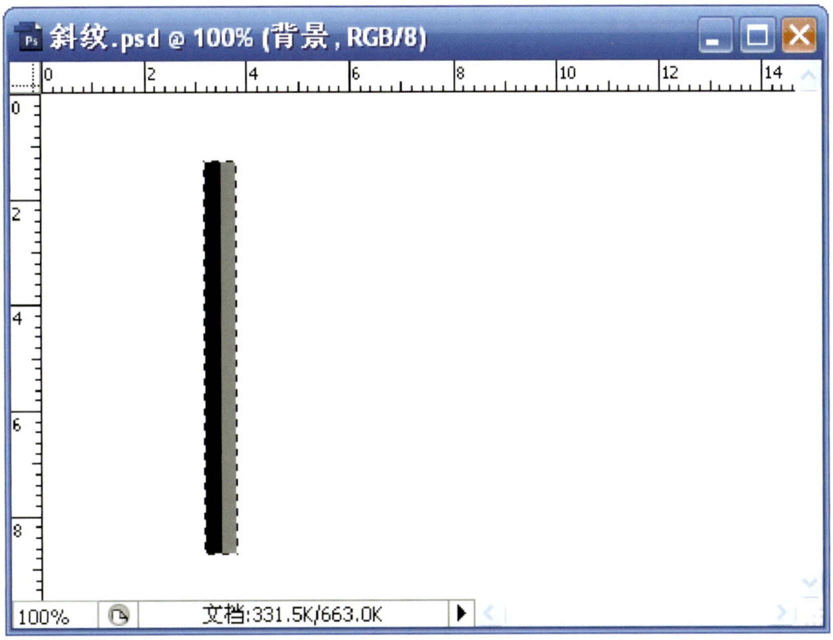

图 4-2

步骤【2】

新建一个图层，使用【油漆桶工具】填充图案。依次选择【编辑】→【变换】→【旋转】，输入旋转角度 45°，单击 ✓。从菜单依次选择【视图】→【标尺】，用鼠标按住标尺向工作区拉出参考线。用【移动工具】移动参考线到合适位置，务必使参考线内的矩形是一个正方形。从菜单依次选择【视图】→【对齐】，再依次选择【视图】→【对齐到】→【参考线】。使用【矩形选框工具】沿参考线拉出矩形选框，如图 4-3 所示。

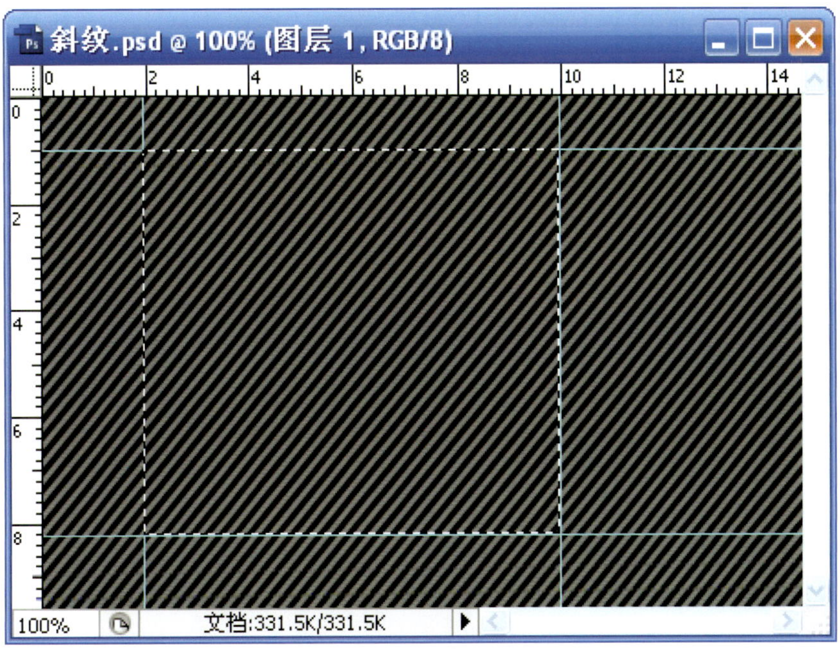

图 4-3

步骤【3】

依次单击【编辑】→【定义图案】，弹出【图案名称】对话框，输入图案名称“斜纹”，单击【确定】，保存文件。输入名称“斜纹 .psd”，打开效果图，使用【油漆桶工具】给裤子填充蓝色，使用【加深工具】添加阴影，使用【减淡工具】添加磨白效果，如图 4–4 所示。

图 4–4

步骤【4】

依次单击【滤镜】→【纹理】→【纹理化】，在弹出的【纹理化】对话框中单击载入纹理“斜纹 .psd”，调整参数至目标效果，单击【确定】，如图 4–5 所示。

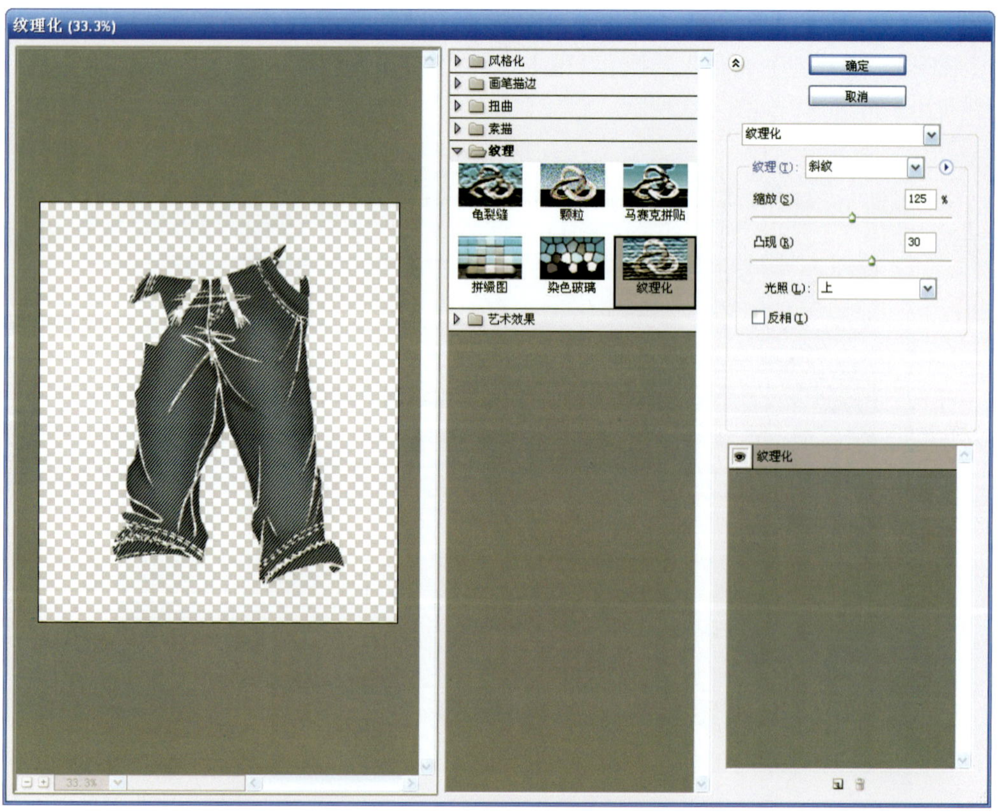

图 4–5

4.2　针织面料的设计与表现

针织面料由线圈串套而成，且有良好的柔软性、透气性、吸湿性及抗皱性，常用于制作童装 T 恤、运动服、内衣、毛衣等，是童装中运用最广泛的面料。针织面料有正反之分，通过正反线圈的不同组合，能编织成各种纹理效果的面料，在绘画时要着重表现它的线圈走向，如图 4-6 所示。

图 4-6　针织面料的设计与表现

步骤【 1 】

新建一个文件，用鼠标按住标尺向工作区中移动，拉出参考线。用【钢笔工具】沿参考线画一个闭合路径，如图 4-7 所示。

步骤【 2 】

用深色填充背景层，新建一个图层，用浅色填充路径，使用【加深工具】添加阴影。用【矩形选框工具】拉出矩形选框，选出一个基本循环单位，依次单击菜单【编辑】→【定义图案】，弹出【图案名称】对话框，输入图案名称为“针织”，单击【确定】，如图 4-8 所示。

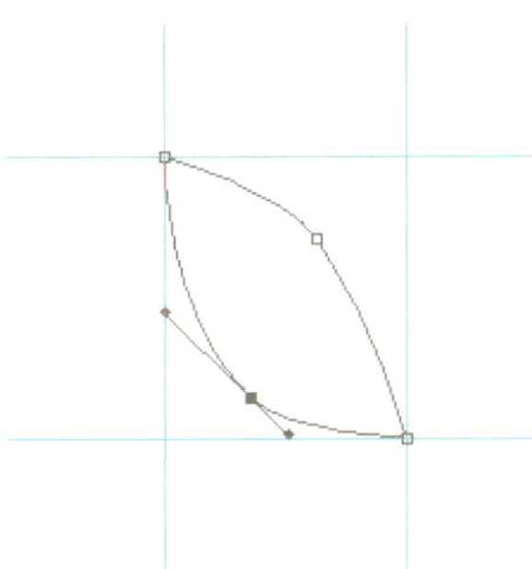

图 4-7

图 4-8

步骤【3】

打开效果图，使用【油漆桶工具】给衣服填充“针织图案”。依次单击【图像】→【调整】→【色相/饱和度】，弹出【色相/饱和度】对话框，移动滑块，调整图像的颜色。依次单击菜单【滤镜】→【杂色】→【添加杂色】，在弹出的对话框中输入数据，单击【确定】。依次单击菜单【滤镜】→【模糊】→【高斯模糊】，在弹出的对话框中输入数据，单击【确定】。使用【加深工具】给衣服加上阴影，如图 4-9 所示。

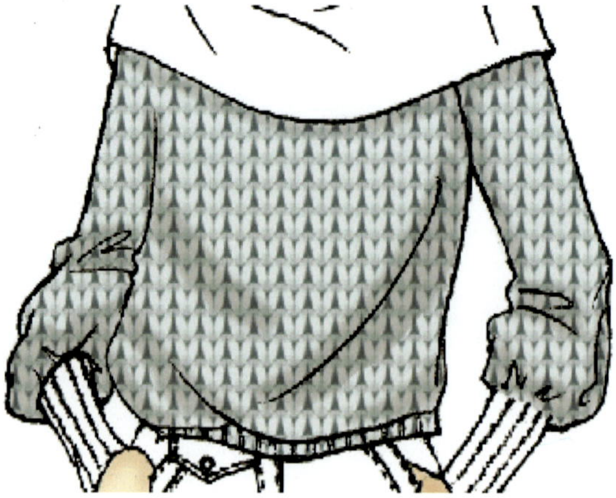

图 4-9

步骤【4】

使用【钢笔工具】画出不同的线圈，使用【矩形选框工具】选择区域，再定义图案，可设计出不同的针织面料，如图 4-10 所示。

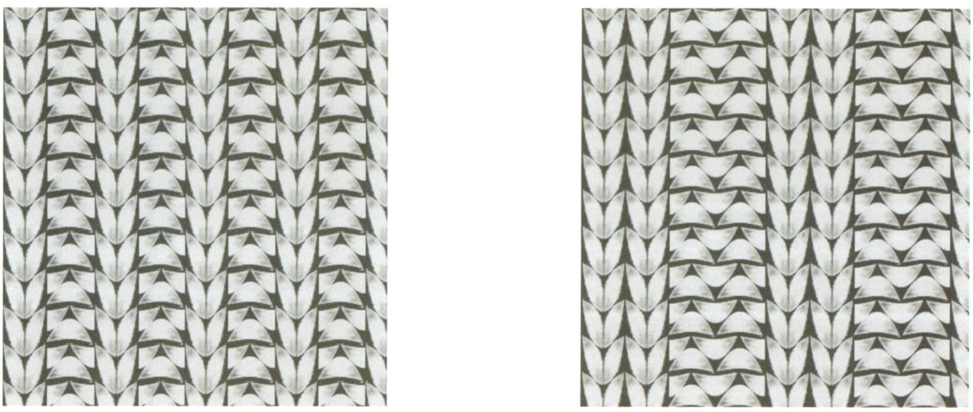

图 4-10

4.3 条格面料的设计与表现

条格面料色彩丰富、美观大方，适合表现儿童的天真活泼，经常用于制作儿童衬衫。条格面料是用不同颜色的经线和纬线交织而成的，有平纹组织也有斜纹组织，使用不同的排列组合方法可以产生千变万化的图案效果，在电脑设计时应着重表现色线的纵横交错效果，如图 4-11 所示。

图 4-11　条格面料的设计与表现

步骤【1】

新建一个文件，使用【油漆桶工具】填充底色，拉出参考线，确定格子的大小和位置，如图 4-12 所示。

步骤【2】

新建一个图层，使用【矩形选框工具】沿参考线拉出矩形选框，使用【油漆桶工具】，调整不透明度，填充颜色，如图 4-13 所示。

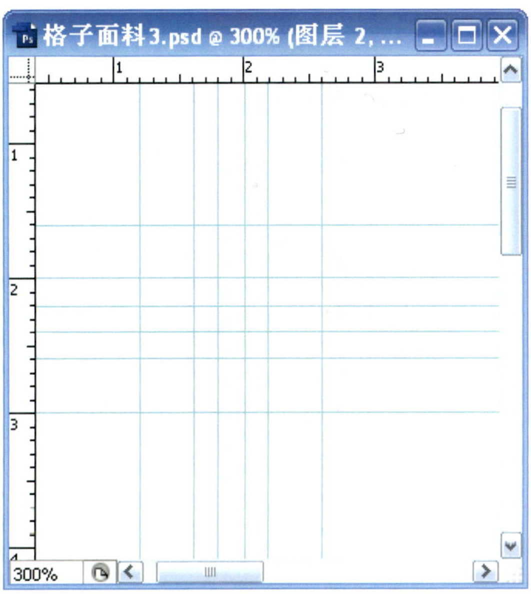

图 4-12

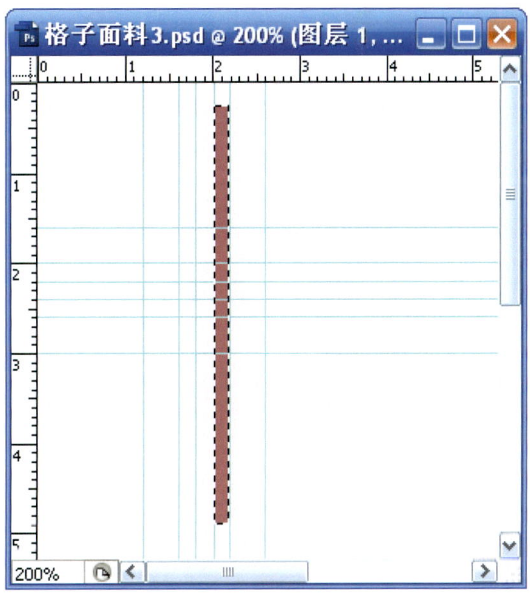

图 4-13

步骤【3】

依次新建图层，画出不同方向和颜色的线条，调整【不透明度】，产生色彩叠加效果。使用【矩形选框工具】沿参考线拉出矩形选框，依次单击【编辑】→【定义图案】，弹出【图案名称】对话框，输入图案名称“格子”，单击【确定】，如图 4–14 所示。

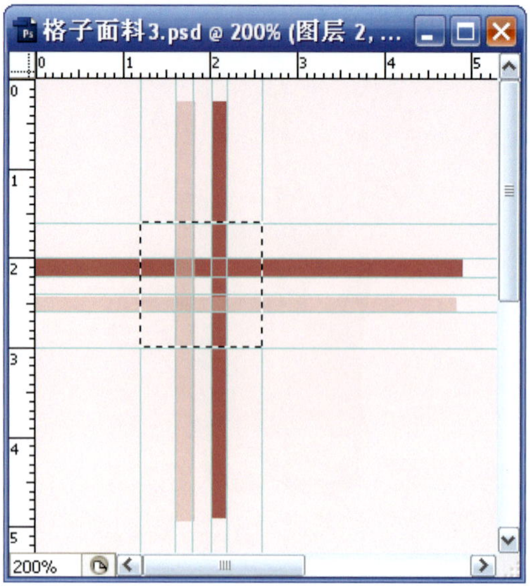

图 4–14

步骤【4】

打开效果图，使用【油漆桶工具】给衣片填充颜色，如图 4–15 所示。

步骤【5】

新建一个图层，用【矩形选框工具】拉出矩形选框，范围大于衣片。使用【油漆桶工具】在选框内填充“格子”图案。依次单击【编辑】→【变换】→【变形】，修改格子形状，使之与衣片吻合，如图 4–16 所示。

步骤【6】

依次单击【图层】→【创建剪贴图层】，将格子图案剪贴在衣片上，如图 4–17 所示。使用上述方法绘制其他部位的格子面料。

图 4–15

图 4–16

图 4–17

4.4　迷彩面料的设计与表现

迷彩面料源于军事伪装服，由绿、黄、茶、黑等颜色组成不规则图案，能迷惑敌人的目力侦察。迷彩面料从色彩上分为绿色调、棕色调、蓝色调等，以适合森林、沙漠、海洋等不同环境。这种军装元素的面料在儿童服装中也颇为流行，可表现出儿童帅气活泼、英姿飒爽的时尚感。在电脑设计中，注重表现面料的不规则色块，如图 4–18 所示。

图 4–18　迷彩面料的设计与表现

步骤【1】

打开效果图，使用【油漆桶工具】在裤子上填充浅绿色。依次选择【滤镜】→【杂色】→【添加杂色】，弹出【添加杂色】对话框，设置参数，如图 4–19 所示。

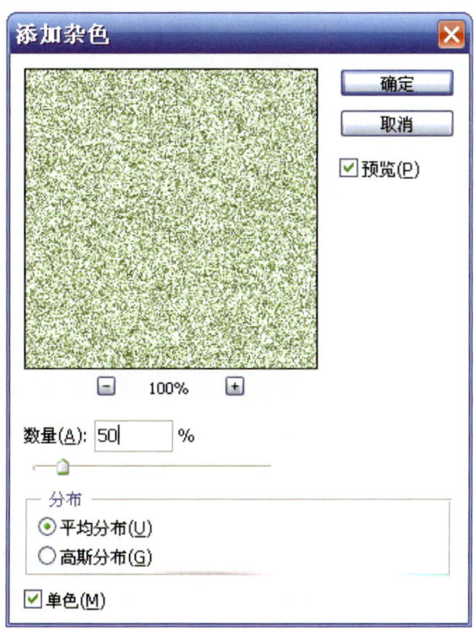

图 4–19

步骤【2】

依次选择【滤镜】→【像素化】→【晶格化】，在弹出的对话框中设置目标参数，如图 4-20 所示。

步骤【3】

依次选择【滤镜】→【杂色】→【中间值】，在弹出的对话框中设置参数，如图 4-21 所示，将调整好的图案定义后即可填充到目标选区。

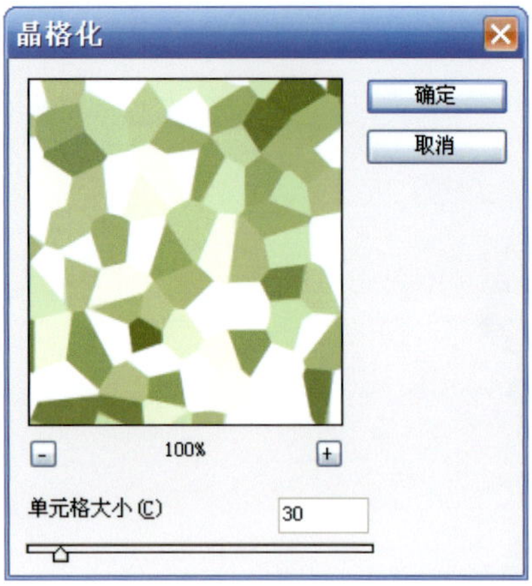

图 4-20

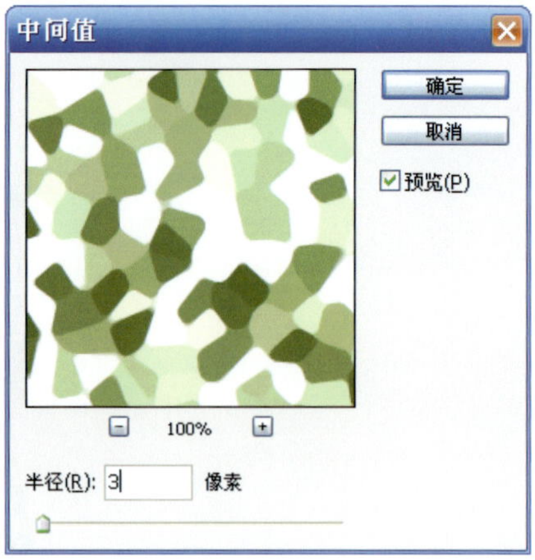

图 4-21

4.5 网眼面料的设计与表现

网眼面料是针织经编织物的一种，结构中产生有一定规律的网孔。孔眼的大小、排列和形状有很多种，方形网眼结构是最基本的组织，有一定的延展性和弹性，透气性好，常用于童装袖子、衣片等拼接，或用于女童的袜子，在电脑设计中着重表现网眼面料的镂空效果，如图 4-22 所示。

图 4-22　网眼面料的设计与表现

步骤【1】

新建一个文件，新建一个图层，用【油漆桶工具】填充任一种颜色。依次单击【滤镜】→【风格化】→【拼贴】，弹出对话框，设置参数，如图 4-23 所示。

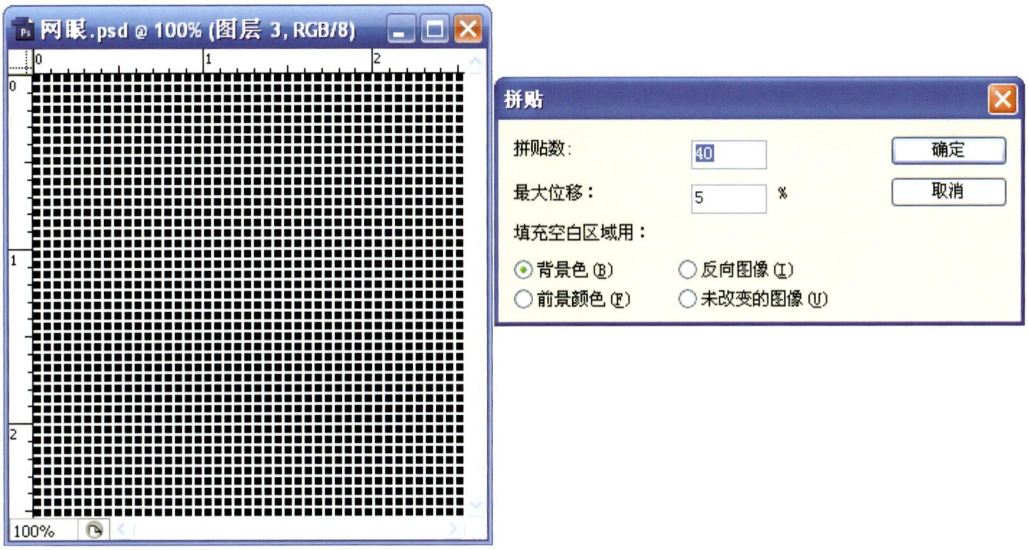

图 4-23

步骤【2】

使用【魔棒工具】选择所有线条区域。依次单击【图层】→【新建】→【图层】，新建一个图层。改变前景色，用【油漆桶工具】给网格填充前景色，如图 4-24 所示。

图 4-24

步骤【3】

打开效果图，使用【油漆桶工具】给腿填充肤色，使用【加深工具】添加阴影，如图 4-25 所示。

步骤【4】

使用 【移动工具】将网格移动到效果图中，依次单击【编辑】→【变换】→【旋转】，调整网格的方向，如图 4-26 所示。

步骤【5】

依次单击【图层】→【创建剪贴图层】，将网格按腿部形状剪贴。依次【图像】→【调整】→【色相 / 饱和度】，可改变网眼织物的颜色，如图 4-27 所示。

图 4-25

图 4-26

图 4-27

4.6 绗缝面料的设计与表现

绗缝面料是在面料与里布之间加入棉絮、丝绵、羽绒等填充材料，再缉缝一些线迹固定。绗缝面料的保暖性很好，是童装常用的冬季防寒服面料。绗缝线迹有一定的装饰性，形成的图案有立体感，在电脑设计中着重表现线迹的走向和花纹的立体感，如图 4-28 所示。

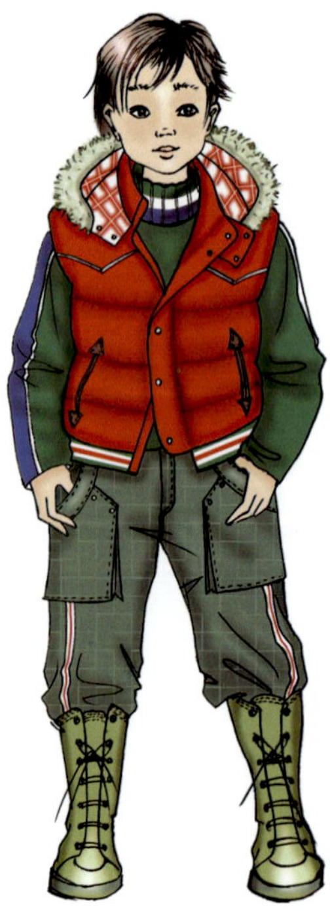

图 4-28　绗缝面料的设计与表现

步骤【1】

打开效果图，使用【油漆桶工具】给衣服填充前景色，使用【加深工具】添加阴影，增强立体感，如图 4–29 所示。

步骤【2】

使用【钢笔工具】在衣服上画出缝迹线的位置，如图 4–30 所示。

图 4–29

图 4–30

步骤【3】

在【画笔面板】中设置画笔的形状、方向，如图 4–31 所示。

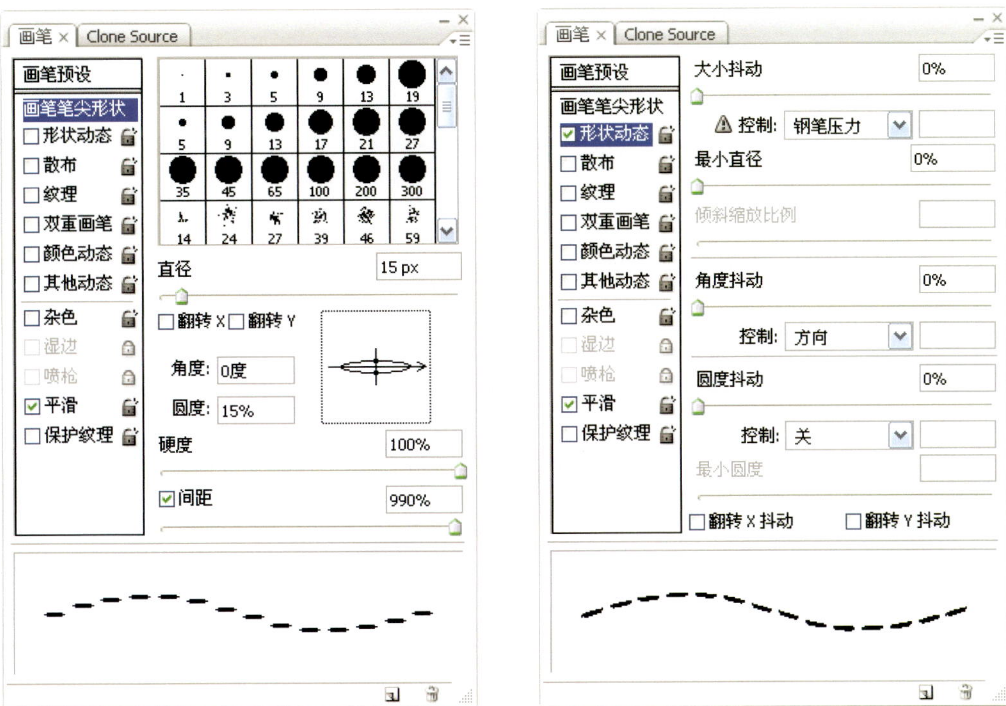

图 4–31

步骤【4】

在路径上单击右键，选择【描边路径】，弹出【描边路径】对话框，选择【铅笔】，如图 4-32 所示。

图 4-32

步骤【5】

设置前景色，在【画笔面板】中设置参数，如图 4-33 所示。

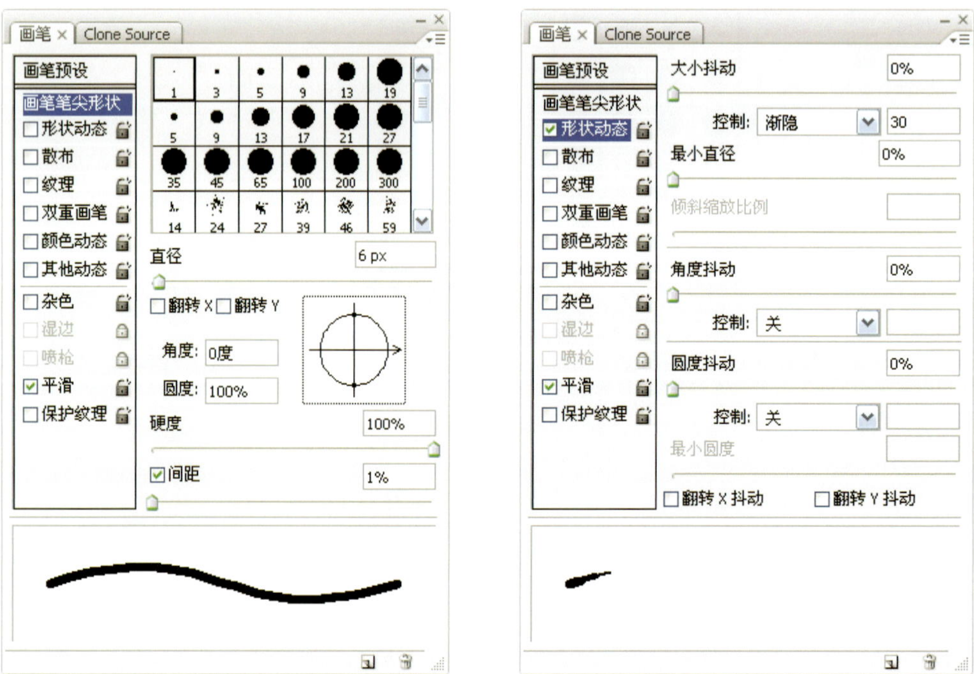

图 4-33

步骤【6】

用 【画笔工具】沿着缝迹线两侧增加褶皱效果，如图 4–34 所示。

图 4–34

4.7　灯芯绒面料的设计与表现

灯芯绒面料属于棉织物，按照表面条状凸起绒毛的粗细，可分为粗条灯芯绒和细条灯芯绒，按照印染加工工艺的不同，可分为素色灯芯绒和印花灯芯绒。由于灯芯绒价格便宜、穿着舒适，是童装常用的面料，可制作成外套、裙子、裤子等，在电脑设计中需着重表现灯芯绒条状凸起的绒毛，如图 4–35 所示。

图 4–35　灯芯绒面料的设计与表现

步骤【1】

新建一个文件，使用【矩形选框工具】在工作区单击拉出矩形选框。设置前景色为浅灰色，背景色为深灰色，使用【渐变工具】在矩形选框中填充渐变色。依次单击【编辑】→【定义图案】，弹出【图案名称】对话框，输入图案名称，单击【确定】，如图 4-36 所示。

步骤【2】

打开效果图，使用【油漆桶工具】给裙子填充蓝色，使用【加深工具】添加阴影效果，如图 4-37 所示。

步骤【3】

新建一个图层，用【矩形选框工具】拉出矩形选框，范围大于裙片。使用【油漆桶工具】在选框内填充灯芯绒图案。依次单击【编辑】→【变换】→【变形】，修改灯芯绒形状，使之符合动态裙片形状，如图 4-38 所示。

图 4-36

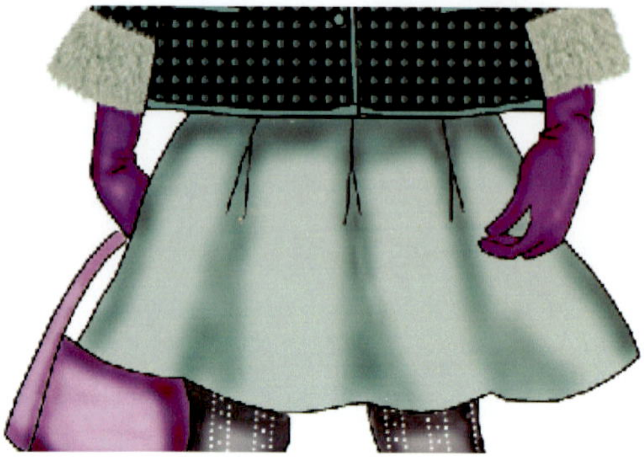

图 4-37

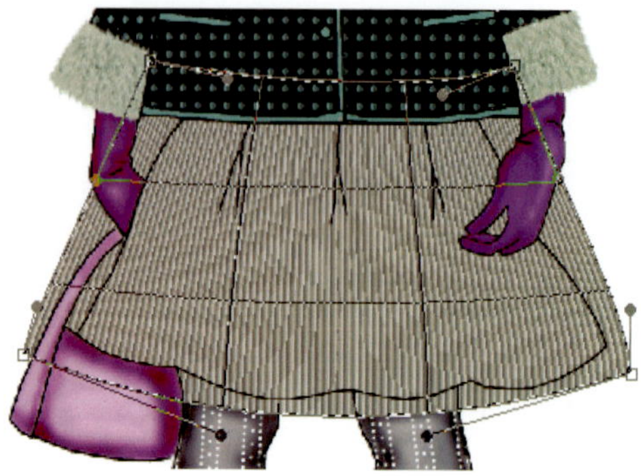

图 4-38

步骤【4】

依次单击【图层】→【创建剪贴图层】，将灯芯绒图案剪贴在裙片上。依次单击【图像】→【调整】→【色相 / 饱和度】，弹出【色相 / 饱和度】对话框，移动滑块，调整灯芯绒的颜色，如图 4-39 所示。

步骤【5】

依次单击【图层】→【图层样式】→【混合选项】，在【混合模式】中选择【正片叠底】，将灯芯绒加上阴影效果，如图 4-40 所示。

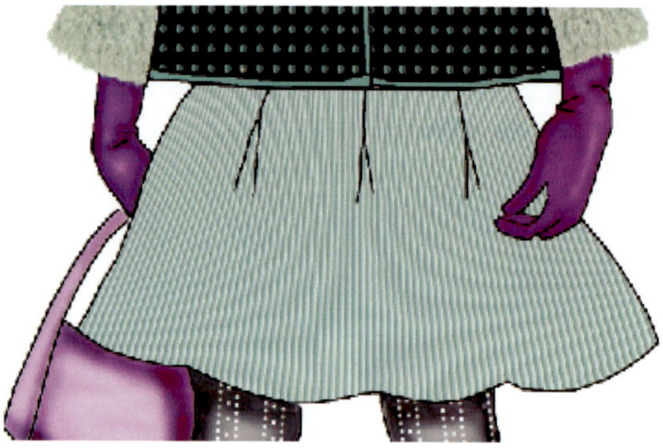

图 4-39

图 4-40

4.8　毛绒面料的设计与表现

毛绒面料也称为人造毛皮织物，是仿照天然裘皮制作而成的。天然裘皮的保暖性强、轻便柔软、华丽而高贵，是高档的时装面料。出于对动物的保护和降低服装成本的需要，用机织物或针织物作为底组织，采用合成纤维做毛绒，经过染色、印花等工艺，可以制作出以假乱真的毛绒面料，常用于制作童装的大衣、夹克。在电脑设计中应着重表现毛绒的肌理和卷曲效果，如图 4-41 所示。

图 4-41　毛绒面料的设计与表现

步骤【1】

打开效果图，使用【油漆桶工具】给衣片填充颜色。依次单击菜单【滤镜】→【杂色】→【添加杂色】，弹出对话框，在对话框中输入目标数据，单击【确定】，如图 4-42 所示。

图 4-42

步骤【2】

依次单击菜单【滤镜】→【渲染】→【纤维】，弹出对话框，调整对话框中的滑块至合适位置，单击【确定】，如图 4–43 所示。

步骤【3】

依次单击菜单【滤镜】→【模糊】→【动感模糊】，再依次单击菜单【滤镜】→【扭曲】→【波浪】，制作出毛绒感和卷曲效果，如图 4–44 所示。

步骤【4】

使用 【涂抹工具】画出衣服边缘不规则的毛绒，如图 4–45 所示。

图 4–43

图 4–44

图 4–45

步骤【5】

使用 【钢笔工具】在衣服上勾画出不同色块的范围，在【路径】面板单击右键，选择【建立选区】。依次单击【图像】→【调整】→【色相 / 饱和度】，调整毛绒的颜色，如图 4–46 所示。

图 4–46

4.9　光泽面料的设计与表现

有光泽的面料包括皮革面料、涂层面料或经过光泽整理的织物，时尚感强，常用于制作童装外套或靴子。在电脑设计时应着重表现面料的明暗差别，亮部接近白色，暗部接近黑色，如图 4–47 所示。

图 4–47　光泽面料的设计与表现

步骤【1】

打开效果图，使用【油漆桶工具】给衣服填充颜色，使用【加深工具】添加阴影，如图 4–48 所示。

步骤【2】

使用【减淡工具】添加反光效果，如图 4–49 所示。

图 4–48

图 4–49

第五章　童装款式图的设计与表现

款式造型是童装的设计元素之一，个性化的款式设计通常被用来区分不同年龄、不同品类和不同风格的童装。在每季的产品中，设计师在款式上的推陈出新，往往能成为时尚的焦点。

5.1　T 恤的设计与表现

T 恤以针织物为主要面料，是春夏童装的主要品种。T 恤是一个充满自由和时髦风尚的品种，其创意主要来源于独具视觉冲击力的色彩搭配以及装饰材质和工艺方面的推陈出新，它们能令平稳的外形增添亮点，使得 T 恤这个最普通的产品多年来一直盛行不衰。

童装 T 恤的外形宽松而舒适，局部造型简便但富于变化，套头式的领襟设计是区别于衬衫的主要标志，分割和拼接是男童 T 恤设计中常见的变化手法，在女童 T 恤设计中，局部的点缀装饰更为重要。

童装 T 恤的设计风格倾向于成衣化，折射出现代生活和时尚文化的影子，因此它是转换更替速度最快，最具大众化的产品，在童装中也不例外，而流行图案在 T 恤中的运用往往是最直接和有效的方法，如图 5-1 所示。

图 5-1　童装 T 恤设计

5.1.1　短袖 T 恤

步骤【1】

打开 CorelDRAW X4，新建一个文件，使用【折线工具】绘制连续的线条，最后一点与第一点要连接在一起，如图 5-2 所示。

步骤【2】

使用【形状工具】单击领圈线或袖窿线，在属性栏单击【转换直线为曲线】，移动节点的控制手柄，调整弧线的形状至合适，如图 5-3 所示。

步骤【3】

相同方法画好衣服的其他部分，各部分必须是一个封闭的区域，否则在下一步骤中不能填充颜色，如图 5-4 所示。

图 5-2

图 5-3

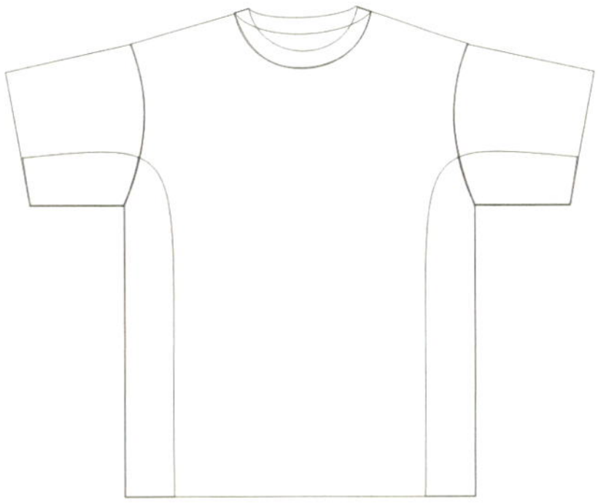

图 5-4

步骤【4】

使用【挑选工具】在衣服上选择不同的区域，在【对象属性】泊坞窗选择目标填充颜色，如图 5-5 所示。

图 5-5

步骤【5】

使用 【手绘工具】在需要的部位绘画缝迹线，在【对象属性】泊坞窗中设置线条的宽度、颜色、样式，结构线的宽度为“1pt”，缝迹线的宽度为“0.5pt”，如图 5-6 所示。

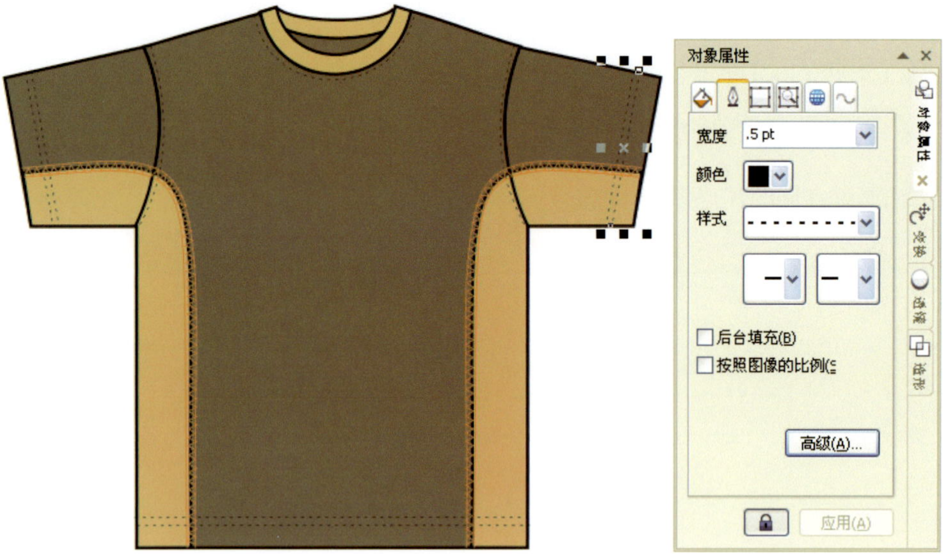

图 5-6

步骤【6】

使用 字【文本工具】在衣服上加上文字，在【对象属性】泊坞窗中选择合适的字体、大小与颜色。单击标尺并按住鼠标移动到页面，可拉出水平和垂直辅助线。使用 【挑选工具】可以移动辅助线的位置，单击 【原点坐标】并按住鼠标移动到衣服的中心线上，将衣服的中心线设置为新的坐标原点（即 0,0 位置），如图 5-7 所示。根据辅助线检查并调整不对称的部分，完成以后可以点击菜单【视图】→【辅助线】选择隐藏辅助线，或者点击菜单【视图】→【设置】→【辅助线设置】删除辅助线。

图 5-7

5.1.2 长袖 T 恤

步骤【1】

打开 CorelDRAW X4，新建一个文件，使用【折线工具】绘制连续的线条，最后一点与第一点要连接在一起，如图 5-8 所示。

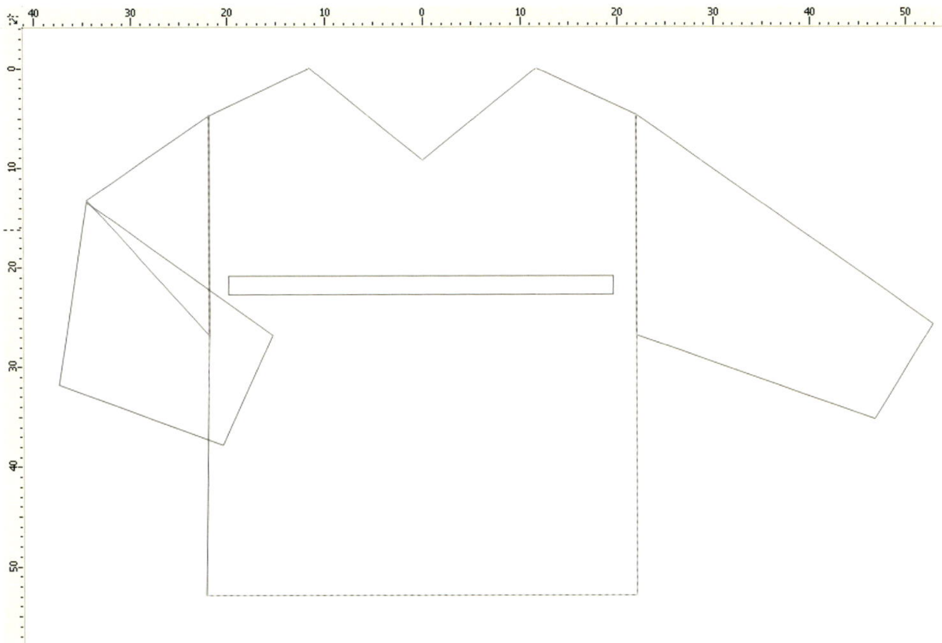

图 5-8

步骤【2】

使用【形状工具】单击领圈线、袖窿线、底摆线，在属性栏单击【转换直线为曲线】，移动节点的控制手柄，调整弧线的形状至合适，如图 5-9 所示。

步骤【3】

使用【挑选工具】在衣服上选择不同的区域，在【对象属性】泊坞窗中设置目标填充颜色，如图 5-10 所示。

图 5-9

图 5-10

步骤【4】

使用【手绘工具】在需要的部位绘画缝迹线，在【对象属性】泊坞窗中设置线条的宽度、颜色、样式，结构线的宽度为“1pt”，缝迹线的宽度为“0.5pt”，如图 5-11 所示。

图 5-11

5.2 短裙的设计与表现

短裙是女童最常见的下装品种，其长度和廓型是最为重要的设计要素。根据其长度特征，可分为迷你裙、及膝裙、中长裙和长裙；根据其廓型特征可分为 A 型、H 型和 O 型等，如图 5-12 所示。

图 5-12 童装裙子设计

短裙的长度取决于裙子的种类和设计者的喜好，廓型则取决于所用的面料及松量的多少和位置。童裙的长度和廓型也是时尚流行的主要标志，在每一个新季到来时，裙长和裙型上的细微变化都能带来视觉和风格上的改变，给人意外的惊喜。

童裙中的筒裙和圆裙一般较少见，主要的款式有：

1. A 型裙

A 型裙是童装的基本裙形，它是由合身筒裙的下摆向外扩展而得，也可设计育克来使腰臀处更贴身合体。A 型裙的裙长一般不过膝，面料也以有一定硬挺度的为佳，配上统袜和鞋靴的装饰，是儿童下装中常用的搭配方式。

2. 褶裥裙

褶裥裙的形式多变，具有强烈的装饰效果，是一种非常适合于女童的裙型，根据褶裥的种类又可分为百褶裙、碎褶裙、箱褶裙等。形式美法则的运用对于褶裥裙的设计十分重要，例如宝塔裙就是采用叠加和重复的造型手法，来获得视觉上的层次感，多用于具有经典风格的礼服裙设计，对于休闲风格的造型，这种层次感的设计常常由多层荷叶边的褶饰来替代。

3. 喇叭裙

喇叭裙将布料斜裁而成，外形特征表现为腰部合体，臀围线以下逐渐展开，下摆形成优美的喇叭或波浪的造型，结构上经常通过分割和斜裁拼接而成，在一些较高档次的童裙中使用。

4. 拼片裙

拼片裙也称多片裙，即通过分割线实现臀部合体，下摆展开的效果，可以横向分割，也可以纵向分割。根据拼片的数目从 2~16 片不等，拼片数目越多，裙型的丰满度越好，但考虑到工艺难度和成本因素，一般以 6~8 片为宜，有些可以简化成在拼接处有规律地加入楔形裁片达到宽摆的效果。

5. 灯笼裙

灯笼裙是将松量集中在臀部，收窄腰部和下摆，形成象灯笼一样较为夸张的廓型，富有戏剧性效果，经常出现在一些艺术性的作品和时尚舞台上。

5.2.1　喇叭裙

步骤【1】

打开 CorelDRAW X4，新建一个文件，使用【矩形工具】和【椭圆形工具】绘制两个长方形和一个椭圆形。使用【挑选工具】分别依次选中图形，单击【转换为曲线】，如图 5–13 所示。

步骤【2】

使用【形状工具】单击线条，在属性栏单击【转换直线为曲线】，移动节点的控制手柄，调整弧线的形状至合适，如图 5–14 所示。

步骤【3】

使用【折线工具】绘制其他部分，每一部分的最后一点与第一点要连接在一起，否则在下一步骤中不能填充颜色，如图 5–15 所示。

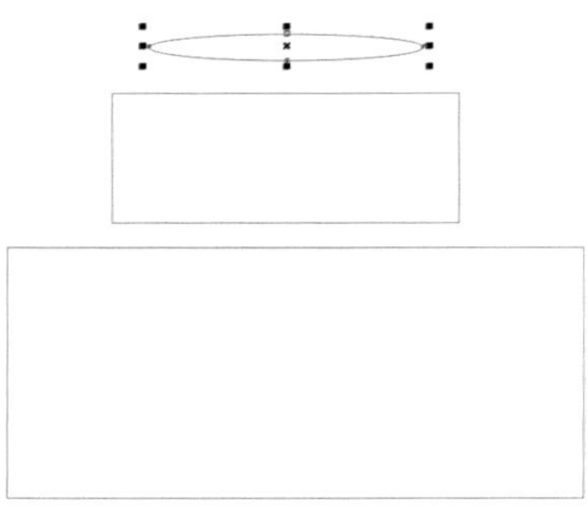

图 5–13

图 5–14

图 5–15

步骤【4】

使用【粗糙笔刷】修改裙子下摆，变成不规则形状，在属性栏中可以调整粗糙笔刷的大小、频率和角度，如图 5–16 所示。

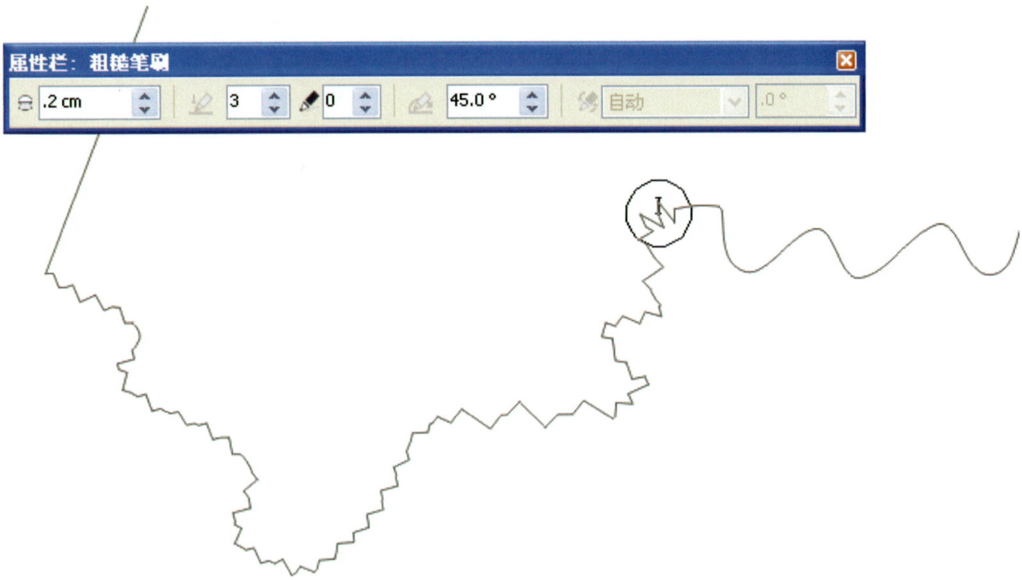

图 5–16

步骤【5】

使用【挑选工具】在裙子上选择不同的区域，在【对象属性】泊坞窗中选择需要填充的颜色，如图 5–17 所示。

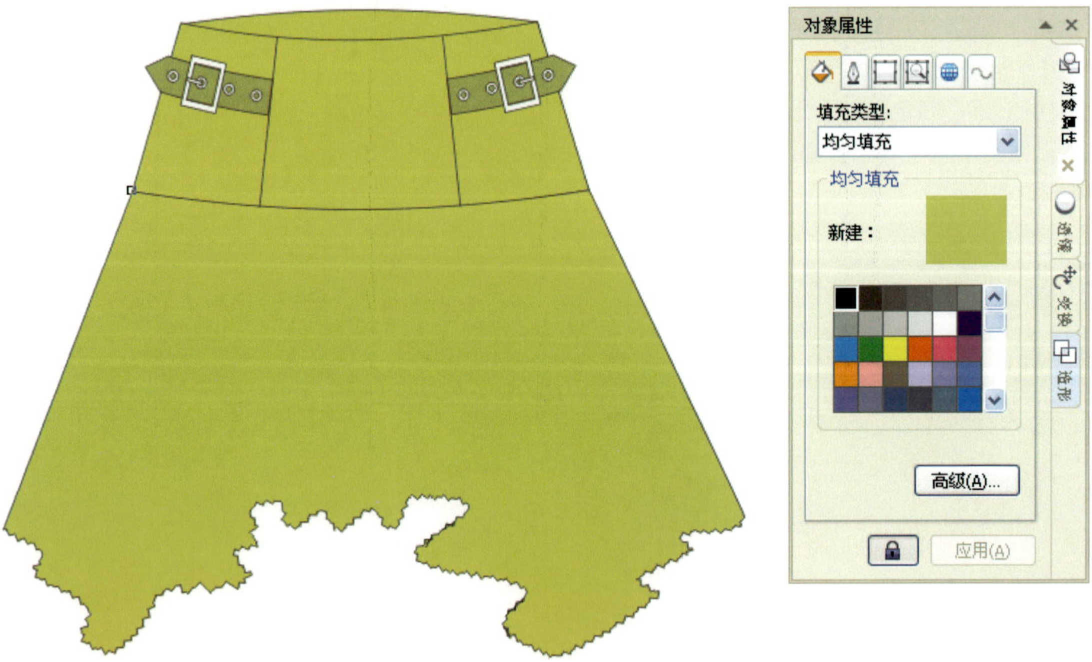

图 5–17

步骤【6】

使用【手绘工具】在需要的部位绘画缝迹线，在【对象属性】泊坞窗中设置线条的宽度、颜色、样式，结构线的宽度为“1pt”，缝迹线的宽度为“0.5pt”，褶皱线的宽度为“发丝”，如图5-18所示。

图5-18

5.2.2　百褶裙

步骤【1】

打开CorelDRAW X4，新建一个文件，使用【折线工具】绘制基本裙形。使用【挑选工具】依次选中图形，单击【转换为曲线】，如图5-19所示。

步骤【2】

使用【添加节点】工具，调整裙摆的形状至合适，填充颜色，如图5-20所示。

步骤【3】

使用【手绘工具】绘制分割线和褶裥线，如图5-21所示。

步骤【4】

使用【矩形工具】和【椭圆形工具】画出纽袢和纽扣，选择渐变填充，复制粘贴，摆好末粒纽扣的位置，如图5-22所示。

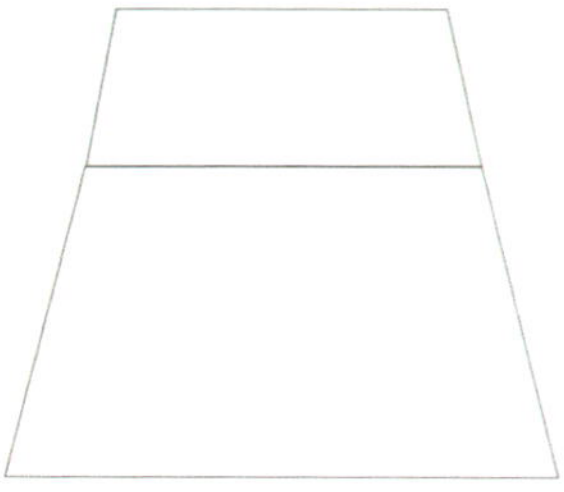

图5-19

图5-20

图5-21

图5-22

步骤【5】

使用【交互式调和工具】，单击第一粒纽扣，按住鼠标移动到末粒纽扣再放开。在【属性栏】中设置步长参数，即可排好所有的纽扣，如图 5-23 所示。

图 5-23

步骤【6】

使用【手绘工具】在需要的部位绘画缝迹线，在【对象属性】泊坞窗中设置线条的宽度、颜色、样式，结构线的宽度为“1pt”，缝迹线的宽度为“0.5pt”，褶裥线的宽度为“发丝”，如图 5-24 所示。

图 5-24

5.3 裤子的设计与表现

裤子是儿童下装的另一主要品种，它的廓型的变化虽不如上装和裙子那样多样，但其颜色以及分布于裤腰、裤脚、侧缝、口袋等处的细节和装饰同样能表现出强烈的流行符号。

根据童裤的长度特征，可分为短裤、中裤、九分裤和长裤等；根据其廓型特征，又可分为西裤、直筒裤、喇叭裤、锥型裤、灯笼裤和裙裤等。

在日常便装中，牛仔裤和休闲裤是最具代表性的款式：

牛仔裤久经变迁，已形成了自身独有的设计特征，主要表现为：臀部较为紧身，采用中低腰头和短裆，配上专用纽扣、粗的双缉线，臀部贴袋、铜铆钉、皮革商标贴片等装饰工艺，选料采用靛蓝色纯棉斜纹布，加上层出不穷的水洗、磨损的肌理效果。如今牛仔裤成为风靡全球的畅销产品，童装牛仔裤在设计时注意与成人牛仔裤的性感路线相区别，造型上要相对宽松些，可以融入某些工装裤的元素。

儿童休闲裤并无固定的形态，讲究随意性、舒适性和流行性，包括了西便裤、运动裤、短裤和背带裤等品种，一般选用棉质的休闲面料、印花面料，做成直统的宽松廓型。零部件和分割设计是休闲裤的款式重点，立体的口袋、多样的拼接、夸张的图案和可爱的配饰等都是休闲裤常用的设计手法，如图 5-25、图 5-26 所示。

图 5-25　童装裤子设计

图 5-26　童装裤子设计

5.3.1　牛仔裤

步骤【1】

打开 CorelDRAW X4，新建一个文件，使用【折线工具】绘制线条，各部分必须是一个封闭的区域。使用【形状工具】框选全部线条，在属性栏单击【转换直线为曲线】，移动节点的控制手柄，调整弧线至合适形状，如图 5-27 所示。

步骤【2】

使用 【矩形工具】绘制一个长方形，单击菜单【位图】→【转换为位图】，如图 5-28 所示。

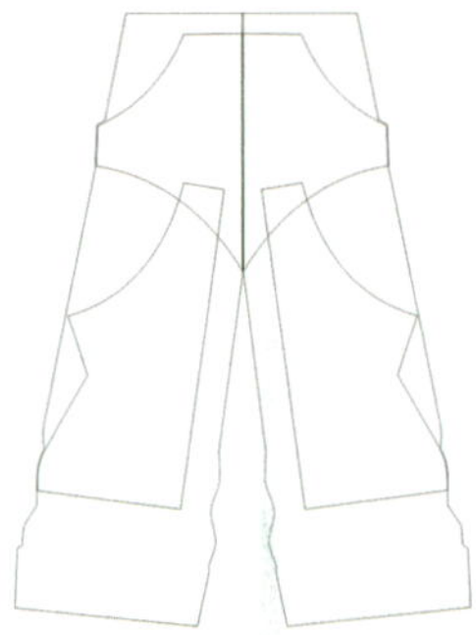

图 5-27

图 5-28

步骤【3】

单击菜单【位图】→【创造性】→【天气】，设置至合适的参数，单击【确定】，如图 5-29 所示。

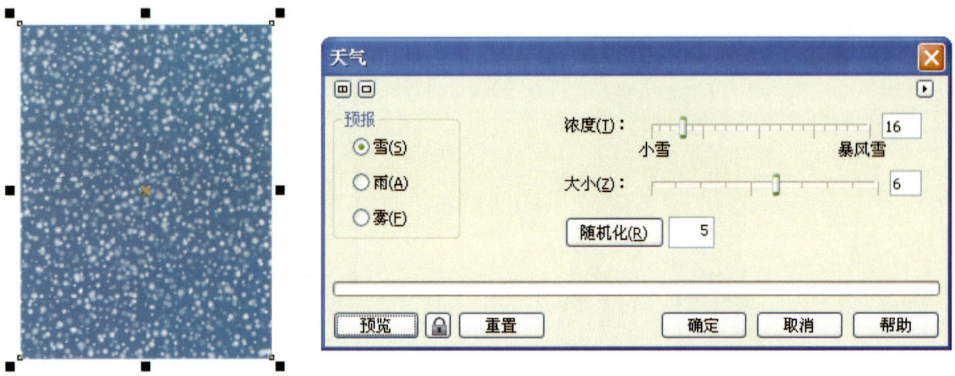

图 5-29

步骤【4】

单击菜单【位图】→【模糊】→【动态模糊】，设置合适的参数，单击【确定】，如图 5-30 所示。

图 5-30

步骤【5】

单击菜单【效果】→【图框精确裁剪】→【放置在容器中】，再单击需要填充的部分，则该部分填充面料效果，如图 5–31 所示。

步骤【6】

使用【挑选工具】在裤子上选择不同的区域，在【对象属性】泊坞窗中选择需要的填充颜色，如图 5–32 所示。

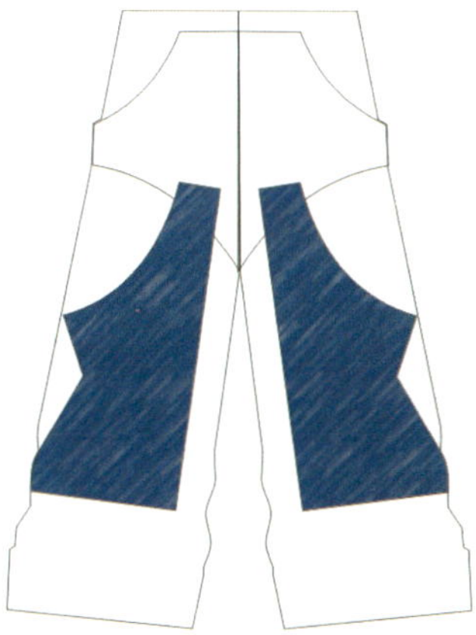

图 5–31

图 5–32

步骤【7】

使用【折线工具】绘制一个拉链齿的形状，复制一个粘贴到原图形的下方，单击【交互式调和工具】，单击第一个拉链齿，按住鼠标移动到最下面一个拉链齿再放开。在属性栏中设置步长参数，即可画好一条拉链。用【矩形工具】和【多边形工具】，画好拉链底布和拉链头，如图 5–33 所示。

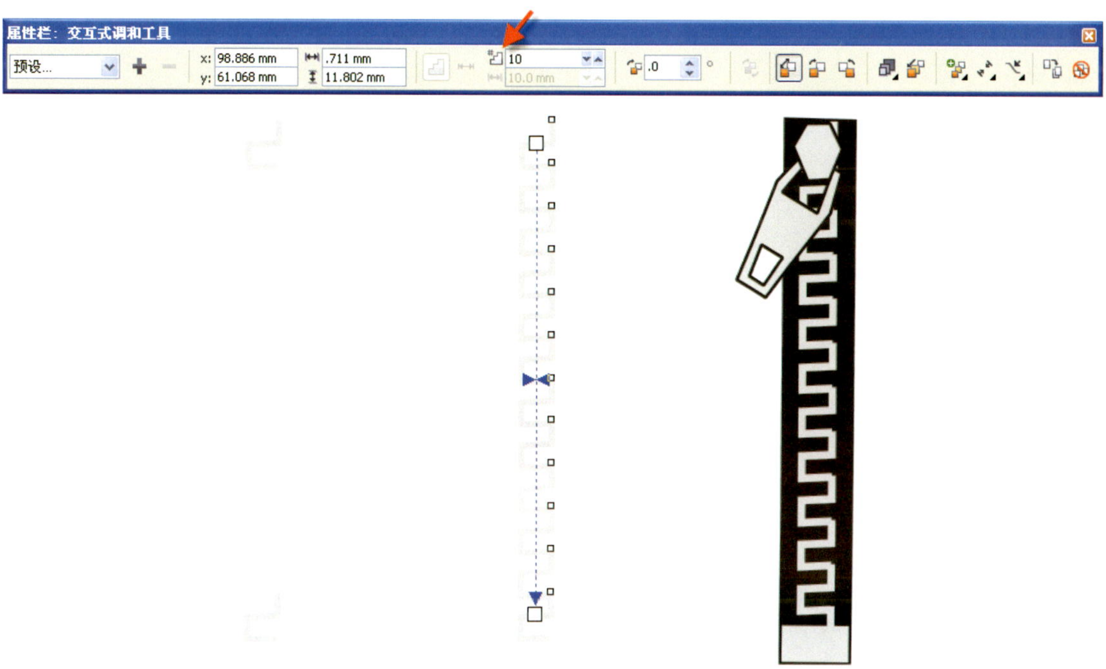

图 5–33

步骤【8】

使用【手绘工具】在需要的部位绘画缝迹线，在【对象属性】泊坞窗中设置线条的宽度、颜色、样式，结构线的宽度为“1pt”，缝迹线的宽度为“0.5pt”，使用【挑选工具】将拉链放置在裤子的合适位置，并调整好拉链的方向，如图 5-34 所示。

图 5-34

5.3.2 休闲裤

步骤【1】

打开 CorelDRAW X4，新建一个文件，使用【折线工具】绘制线条，使用【形状工具】调整线条，如图 5-35 所示。

步骤【2】

使用【手绘工具】绘制分割线和缝迹线，如图 5-36 所示。

图 5-35

图 5-36

步骤【3】

使用【手绘工具】绘制一条横线，使用【粗糙笔刷】修改线条，线条呈不规则形状，在属性栏中调整粗糙笔刷的大小、频率和角度，即可画好一个加固线迹，如图 5–37 所示。

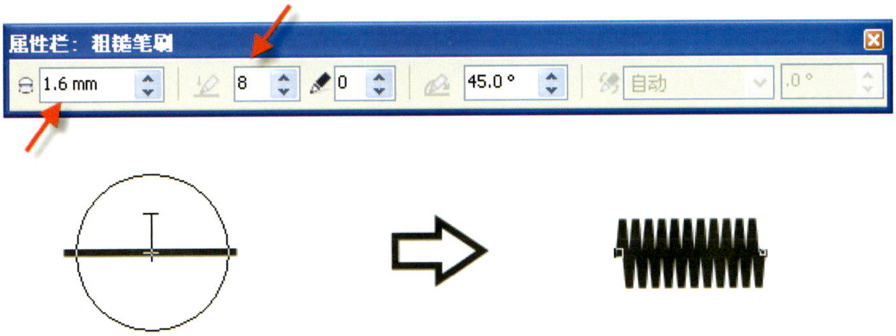

图 5–37

步骤【4】

将画好的加固线迹放在需要的位置，如图 5–38 所示。

步骤【5】

使用【矩形工具】绘制一个长方形，如图 5–39 所示。

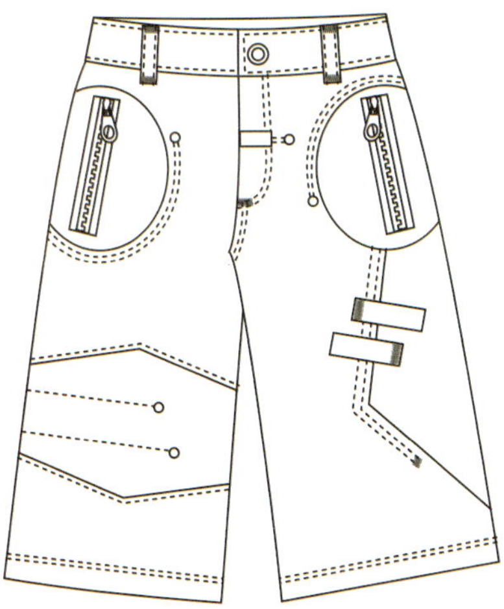

图 5–38

图 5–39

步骤【6】

在长方形上方使用【手绘工具】绘制一条斜线，复制粘贴另一条放置在长方形下方，如图 5–40 所示。

步骤【7】

使用【交互式调和工具】，单击第一条斜线，按住鼠标移动到第二条斜线再放开。在属性栏中调整步长参数，即可画好一片斜线，如图 5–41 所示。

步骤【8】

单击菜单【效果】→【图框精确裁剪】→【放置在容器中】，再单击需要长方形，将斜线放入长方形内，如图 5–42 所示。

图 5-40

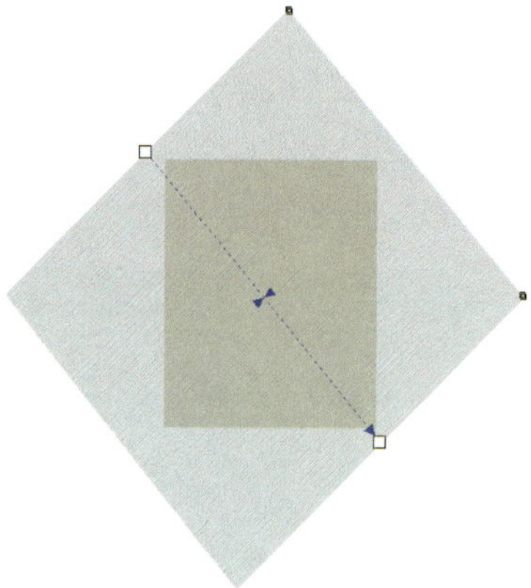

图 5-41

图 5-42

步骤【9】

单击菜单【位图】→【转换为位图】。依次单击菜单【位图】→【杂点】→【添加杂点】，如图 5-43 所示。

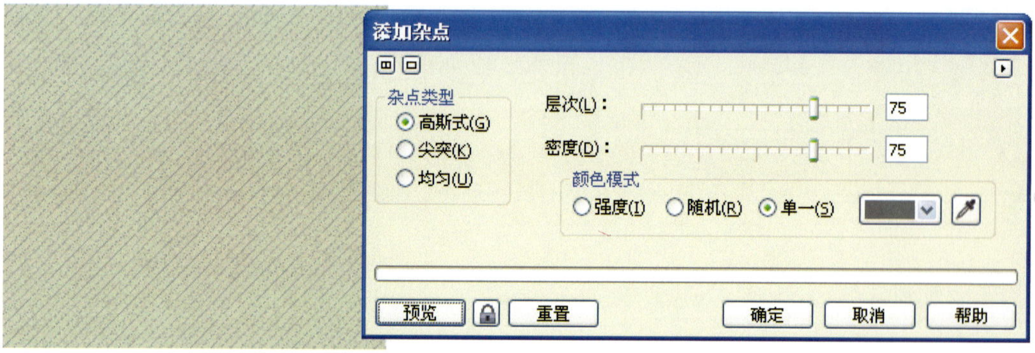

图 5-43

步骤【10】

依次单击菜单【位图】→【模糊】→【高斯式模糊】，如图 5-44 所示。

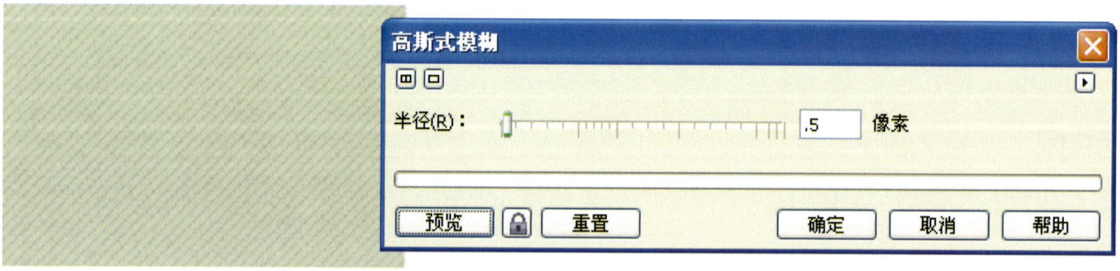

图 5-44

步骤【11】

单击菜单【效果】→【图框精确裁剪】→【放置在容器中】，再单击需要填充的裤片，给该部分填充面料效果，如图 5-45 所示。

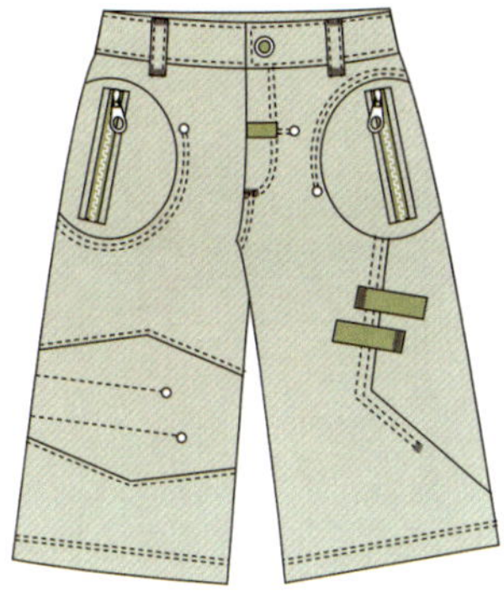

图 5-45

5.4　衬衫的设计与表现

衬衫以轻薄的机织物为主要面料，是童装中常见的上衣品种，其特点是前开襟，领和袖的结构较T恤复杂，同时要体现出男女不同的造型特点。春夏季节的衬衫经常单穿或搭配连衣裙，色彩淡雅，秋冬季衬衫则主要搭配外套、毛衫穿着。

男童衬衫沿袭了男装衬衫的结构造型，除礼服衬衫外，多设计成宽松的直线造型，局部设计以夸张的口袋、翻边和明缉线为主，营造出轻松的休闲味，装饰工艺和图案内容上要体现小男孩帅气、顽皮的特点，分割与拼接在男童衬衫经常采用。

女童衬衫在设计形式上相对自由，在组合搭配和风格上也更为多变，如猎装式衬衫，度假式衬衫和民族式衬衫等。常见有宽松柔软的外形配上荷叶领、泡泡袖、小碎褶等局部设计以及烫钻、绣花、蕾丝、缎带等装饰点缀，体现出柔美可爱的小女孩造型，如图 5-46 所示。

图 5-46　童装衬衫设计

5.4.1　男童衬衫

步骤【1】

新建一个文件，使用【折线工具】绘制衬衫基本线条，如图 5-47 所示。

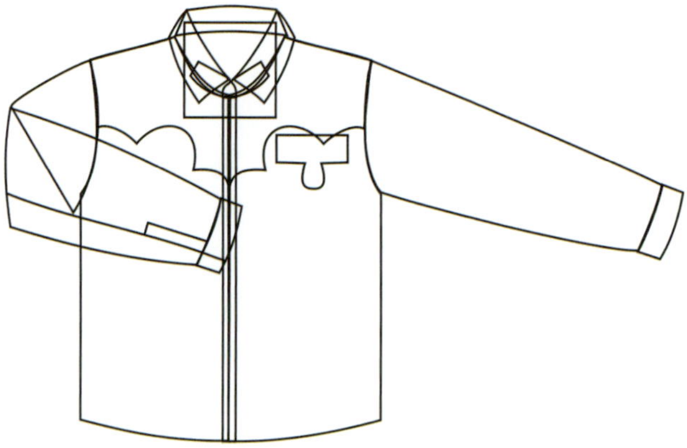

图 5-47

步骤【2】

在【对象属性】泊坞窗中选择目标填充颜色，如图 5-48 所示。

图 5-48

步骤【3】

使用【矩形工具】绘制一个长方形，并在【对象属性】泊坞窗中选择需要填充的颜色。使用【手绘工具】，按住键盘中的“Ctrl”键，绘制格子面料的水平线和垂直线，在【对象属性】泊坞窗中设置线条的宽度、颜色，如图 5-49 所示。

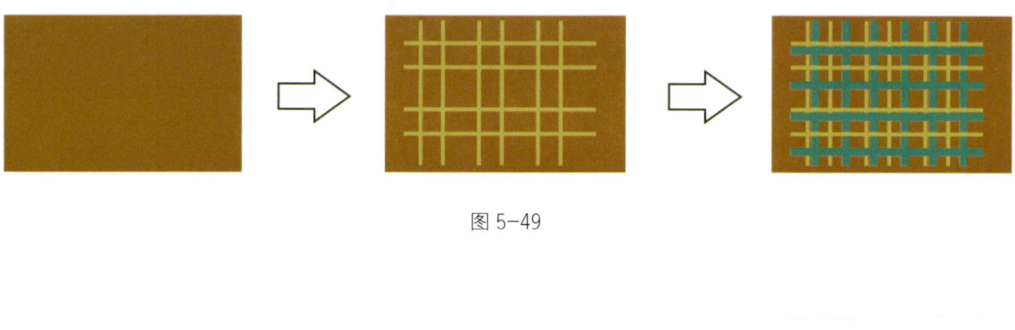

图 5-49

步骤【4】

使用【挑选工具】框选整块面料，单击菜单【效果】→【图框精确裁剪】→【放置在容器中】，再单击需要填充的部分，则该部分填充上面料效果，如图 5-50 所示。

图 5-50

步骤【5】

使用【椭圆形工具】按住“Ctrl”键绘制正圆，在【对象属性】泊坞窗中选择渐变填充，选择需要填充的颜色。

将正圆复制粘贴在原来的位置，按住“Shift”键缩小，并在【对象属性】泊坞窗中调整渐变为相反方向。

同样方法再次复制粘贴这个圆形，并再次改变渐变方向，以增加纽扣的层次。

使用【椭圆形工具】按住“Ctrl”键画纽扣孔，填充黑色。

使用【手绘工具】绘制缝线。

使用【手绘工具】绘制扣眼，单击菜单【排列】→【顺序】→【到页面后面】，如图 5-51 所示。

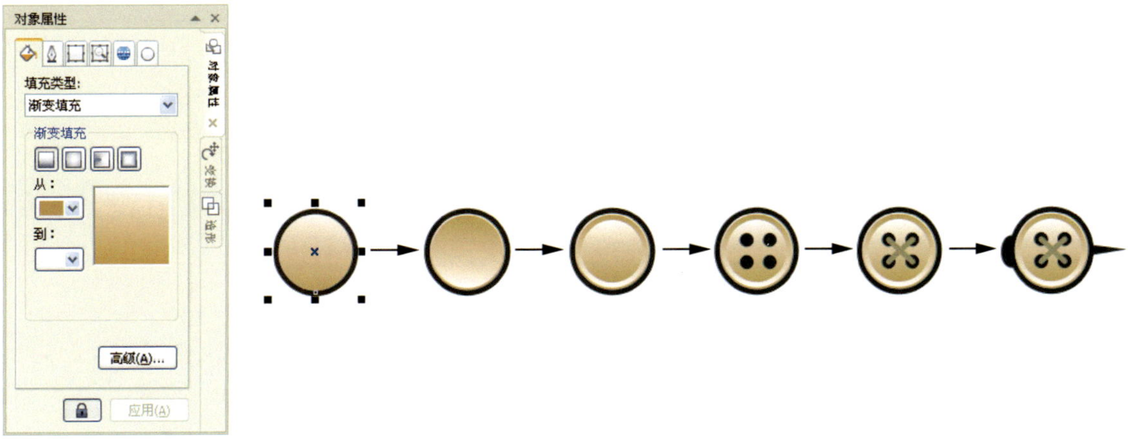

图 5-51

步骤【6】

使用【挑选工具】框选整个纽扣，单击【群组】。复制粘贴另一个纽扣到第一个的下方，单击【交互式调和工具】，单击第一个纽扣，按住鼠标移动至末粒纽扣再放开。在属性栏中改变步长参数，即可排好所有的纽扣，如图 5-52 所示。

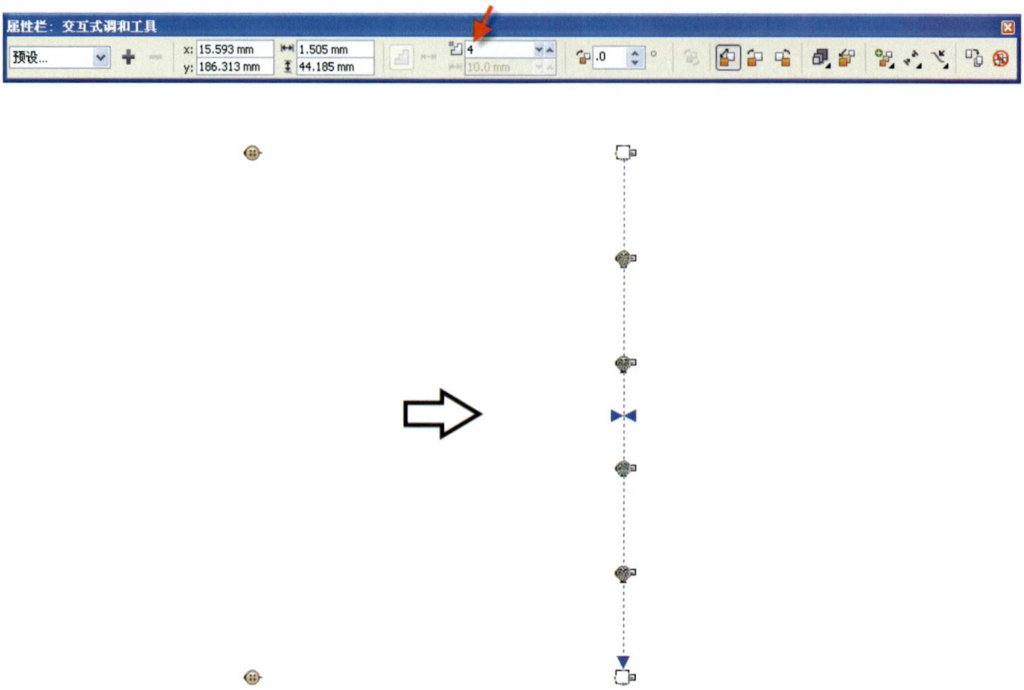

图 5-52

步骤【7】

使用【挑选工具】将纽扣放到合适位置并调整方向。使用【手绘工具】在需要的部位绘制缝迹线，在【对象属性】泊坞窗中设置线条的宽度、颜色、样式，如图 5-53 所示。

图 5-53

5.4.2　女童衬衫

步骤【1】

新建一个文件，使用【折线工具】绘制衬衫基本线条，如图 5-54 所示。

步骤【2】

使用【形状工具】单击领圈线或袖窿线，单击属性栏中的【转换直线为曲线】，移动节点的控制手柄，调整弧线至合适形状。使用【水平镜像】对称复制衣服的左右衣片。单击标尺并按住鼠标移动到页面，可拉出水平和垂直辅助线。使用【挑选工具】可以移动辅助线的位置，单击【原点坐标】并按住鼠标移动到衣服的中线上，将衣服的中线设置为新的坐标原点（即 0,0 位置）。根据辅助线检查和调整不对称的部分，完成以后可以点击菜单【视图】→【辅助线】选择隐藏辅助线，或者点击菜单【视图】→【设置】→【辅助线设置】删除辅助线，如图 5-55 所示。

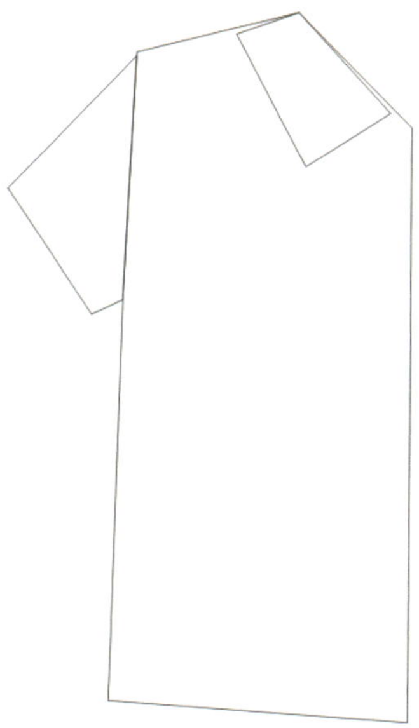

图 5-54

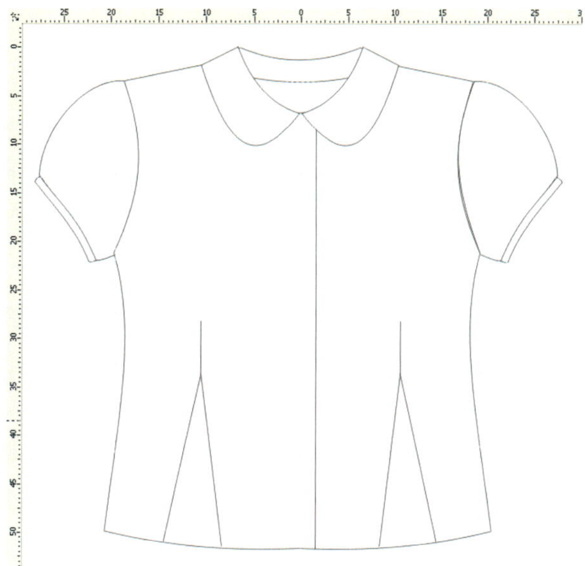

图 5-55

步骤【3】

使用【椭圆形工具】画好一个纽扣，使用【交互式调和工具】画出一排纽扣，如图 5-56 所示。

图 5-56

步骤【4】

给衣服填充颜色，摆好纽扣位置，如图 5-57 所示。

图 5-57

步骤【5】

使用【椭圆形工具】画一个圆形，使用【交互式调和工具】画出一排圆形，使用【手绘工具】画一条直线，使用【形状工具】修改为弧线，使这条弧线与领边的弧线一致。

使用【交互式调和工具】，单击属性栏中的【路径属性】→【新路径】，单击画好的弧线，将圆形按弧线排列。

使用【挑选工具】选择弧线，设置线条颜色为“无”，隐藏此弧线。使用【水平镜像】对称复制花边，如图 5-58 所示。

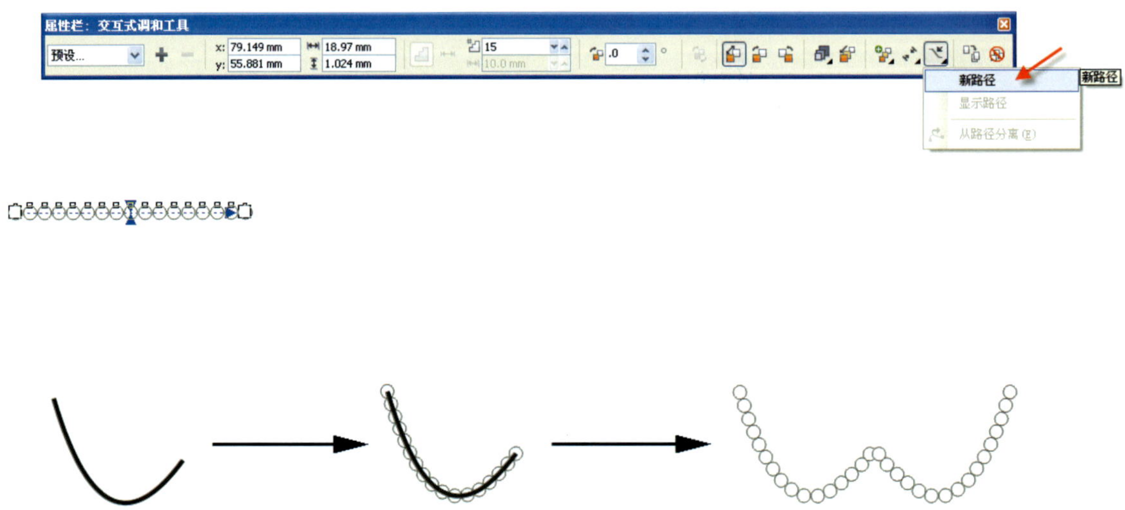

图 5-58

步骤【6】

使用【挑选工具】移动花边的位置，单击菜单【排列】→【顺序】，将花边放在领边下，如图 5–59 所示。

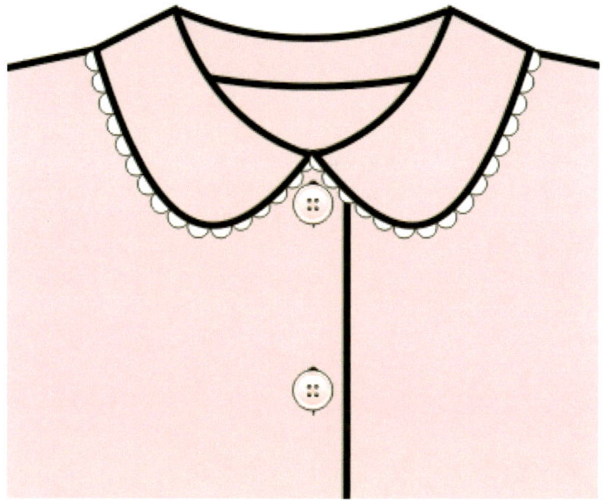

图 5–59

步骤【7】

使用【椭圆形工具】画一个椭圆形，使用【挑选工具】将旋转中心移到椭圆形下方，在【变换】泊坞窗中输入角度，勾选【相对中心】，连续单击【应用到再制】，即可画好一朵小花，如图 5–60 所示。

图 5–60

步骤【8】

使用【挑选工具】选中小花，在【位置】泊坞窗中输入水平移动距离值，勾选【相对中心】，连续单击【应用到再制】，即可画好一排小花。使用【挑选工具】点选这一排小花，在【位置】

泊坞窗中输入水平和垂直移动距离值，勾选【相对中心】，连续单击【应用到再制】，即可画好第二排小花。改变小花的轮廓和填充色，如图 5–61 所示。

图 5–61

步骤【9】

使用【挑选工具】框选整块面料，单击菜单【效果】→【图框精确裁剪】→【放置在容器中】，再单击需要填充的部分，则该部分填充上面料效果，如图 5–62 所示。

步骤【10】

使用【手绘工具】在需要的部位绘画缝迹线和褶皱线，在【对象属性】泊坞窗中设置线条的宽度、颜色、样式，如图 5–63 所示。

图 5–62

图 5–63

5.5　连衣裙的设计与表现

连衣裙是上衣与裙子相连的童装品种，其造型灵活多变又方便自如，不仅能适应不同场合的服用要求，也能较好地衬托出儿童的体型和气质，广泛地用于女童装的设计中。

连衣裙按腰部有无分割的特征，分为有腰节式和无腰节式两类。有腰节式连衣裙根据腰节线的位置分为高腰裙和低腰裙；无腰节式连衣裙根据分割线的特征分为有分割和无分割两类。

连衣裙的设计要点首先在于廓型的变化，儿童的休闲装中多以小“A”型、喇叭型和筒型的外轮廓为主，在正装和礼服中也可采用“X”和略为紧身的外轮廓，例如常见的公主式连衣裙：沿公主线进行纵向分割，上身较为合体，裙摆自臀围处向外展开。另外，连衣裙还可通过款式组合，得出更为丰富的外形变化，例如与外套搭配穿着的外套式连衣裙，紧身吊带背心与多层塔裙组合而成的礼服式连衣裙等。

连衣裙的领、袖和口袋等细节设计，均可参照上衣与裙子的局部以及女装连衣裙进行。成人女装连衣裙的腰部经常是视觉的中心，腰线的高低和松紧能表现出迥然不同的风格；而这在童装中不尽相同，由于儿童的腰腹围差别不是很大，尤其是小童的腰围甚至超过胸围，因此设计时要刻意避开腰部的缺点，通常的做法是将童装连衣裙的腰线提高，裙长及膝，在增长了下身比例的同时将裙摆成为设计的中心，如再在裙摆处再加入富于节奏的装饰，就能把童装活泼、跳跃的风格表现得淋漓尽致（图 5-64）。

图 5-64　童装连衣裙设计

5.5.1　花边连衣裙

步骤【1】

新建一个文件，使用【折线工具】绘制连衣裙的基本线条，填充所需的颜色，如图 5-65 所示。

图 5-65

步骤【2】

使用【椭圆形工具】画四个圆。

使用【挑选工具】框选这四个圆，单击菜单【排列】→【造形】→【焊接】，将这几个圆连接成一个图形。

使用【椭圆形工具】画一个椭圆。

使用【挑选工具】将旋转中心移到合适位置，在【变换】泊坞窗中输入角度，勾选【相对中心】，多次单击【应用到再制】，即可画好一朵小花，如图 5-66 所示。

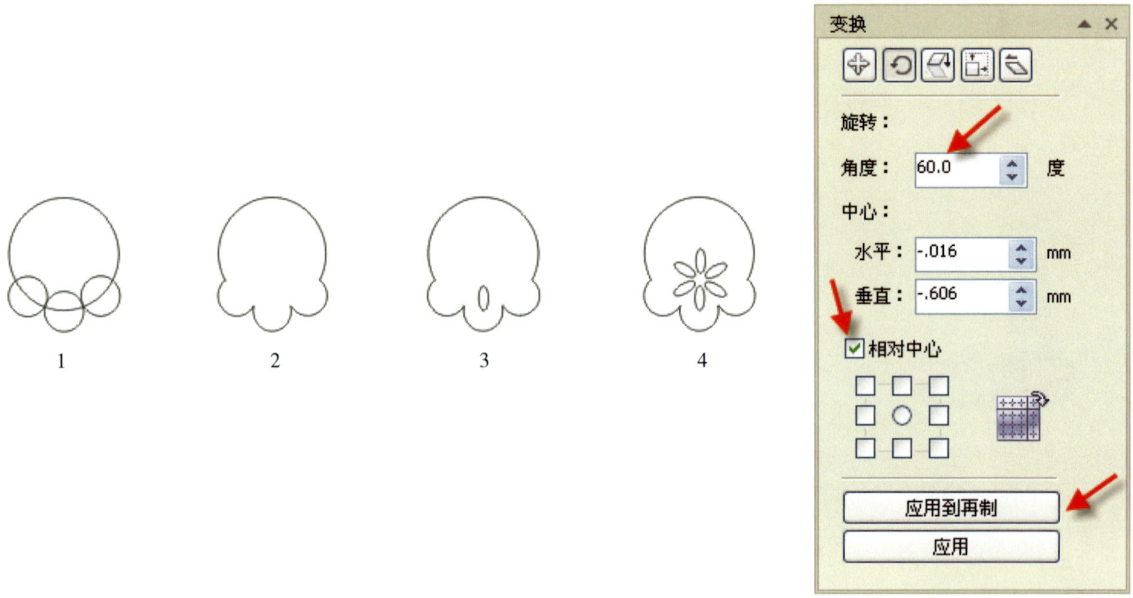

图 5-66

步骤【3】

使用【挑选工具】框选六个椭圆的小花，在【造形】泊坞窗中选择【修剪】，再单击所要修剪的图形，即可将这个图形修剪成镂空样式，然后为图形填充颜色，如图 5-67 所示。

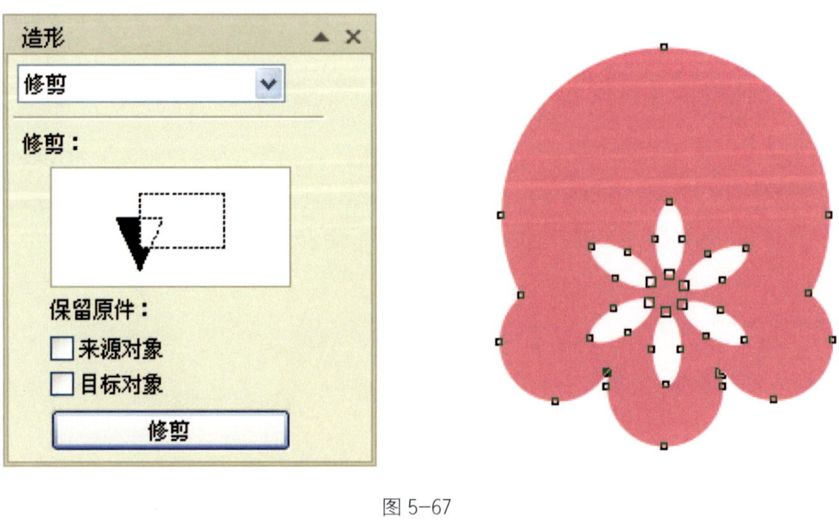

图 5-67

步骤【4】

使用【挑选工具】框选整个图形，单击【群组】。复制粘贴另一个图形到工作区右侧。

单击【交互式调和工具】，单击第一个图形，按住鼠标移动至右侧的图形再放开。在属性栏中设置步长参数，使所有的图形不重叠。

使用【手绘工具】按住“Ctrl”键画一条水平线，使用【形状工具】调整为弧线，如图 5–68 所示。

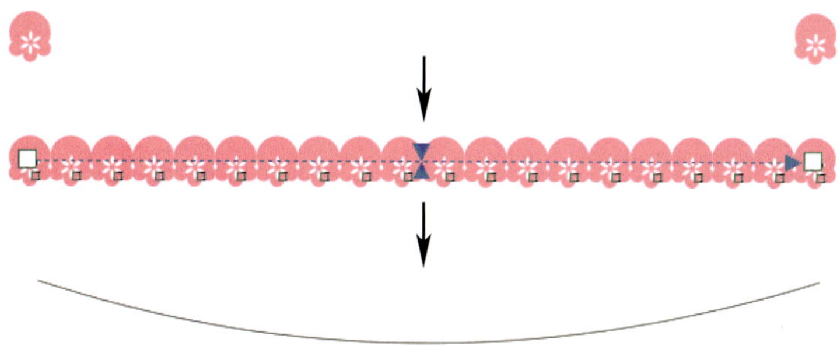

图 5–68

步骤【5】

使用【交互式调和工具】，单击属性栏中的【路径属性】→【新路径】，单击画好的弧线，将多个图形按弧线排列，如图 5–69 所示。

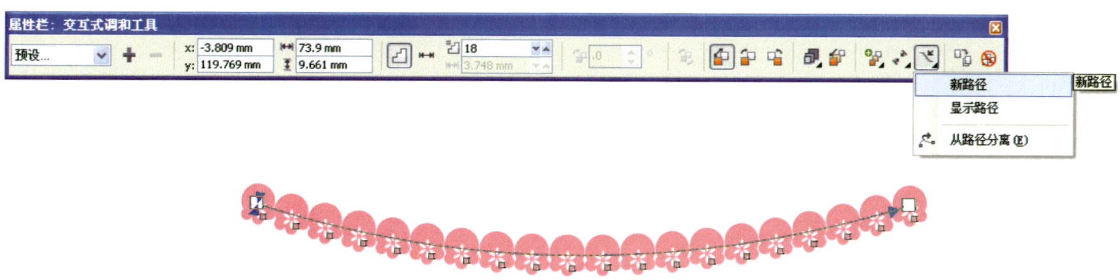

图 5–69

步骤【6】

使用【挑选工具】旋转第一个和最后一个图形的方向，使用【交互式调和工具】，单击属性栏中的【杂项调和选项】，弹出下拉菜单，勾选【沿全路径调和】和【旋转全部对象】。使用【挑选工具】选择弧线，设置线条颜色为“无”，隐藏此弧线，如图 5–70 所示。

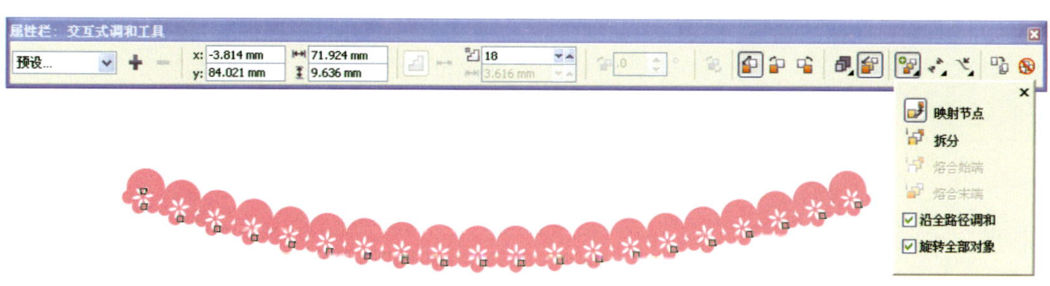

图 5–70

步骤【7】

使用 【挑选工具】将花边放到裙子的合适位置，如图 5–71 所示。

步骤【8】

调整花边的大小、颜色，修改弧线的形状，放到裙子的不同部位，如图 5–72 所示。

步骤【9】

添加图案、装饰和缝迹线，如图 5–73 所示。

图 5–71

图 5–72

图 5–73

5.5.2 薄纱连衣裙

步骤【1】

新建一个文件，使用 【折线工具】绘制连衣裙的基本线条，如图 5–74 所示。

步骤【2】

使用 【折线工具】绘制袖子的明暗线条，如图 5–75 所示。

图 5–74

图 5–75

步骤【3】

使用 【手绘工具】绘制斜线，复制相同的斜线，改变线条的明暗，画出立体感，如图 5–76 所示。

步骤【4】

使用【挑选工具】框选整块面料，单击菜单【效果】→【图框精确裁剪】→【放置在容器中】，再单击需要填充的部分，则该部分填充上面料效果，如图 5-77 所示。

图 5-76

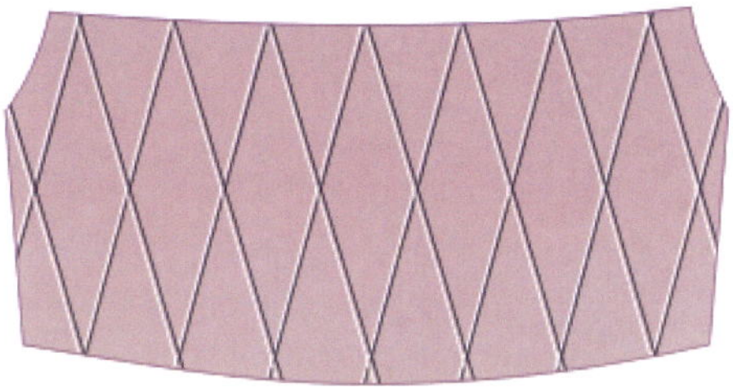

图 5-77

步骤【5】

使用【椭圆形工具】按住“Ctrl”键画一个正圆。点选属性栏中的【饼形】，输入【起始和结束角度】，画出珠片的反光部分和暗色部分。再画好中间的珠粒和反光，如图 5-78 所示。

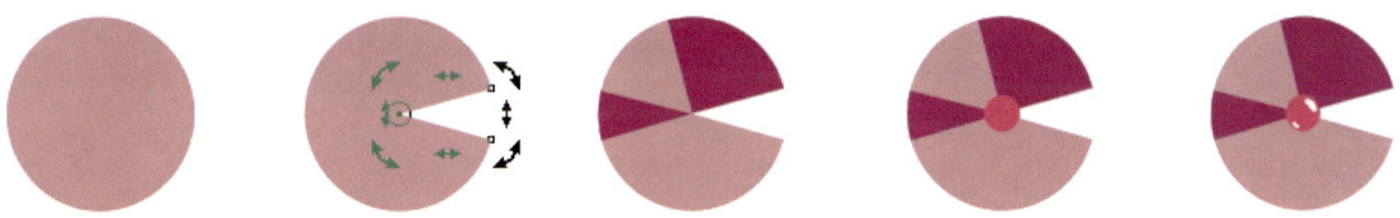

图 5-78

步骤【6】

使用【挑选工具】摆好珠片的位置，如图 5-79 所示。

步骤【7】

填充合适的颜色表现明暗，如图 5-80 所示。

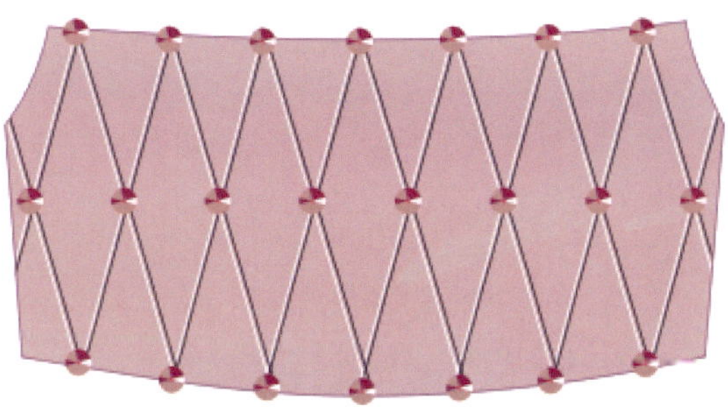

图 5-79

图 5-80

步骤【8】

在【透镜】泊坞窗中选择【透明度】，调整比率，使裙子呈现透明层叠效果，如图 5-81 所示。

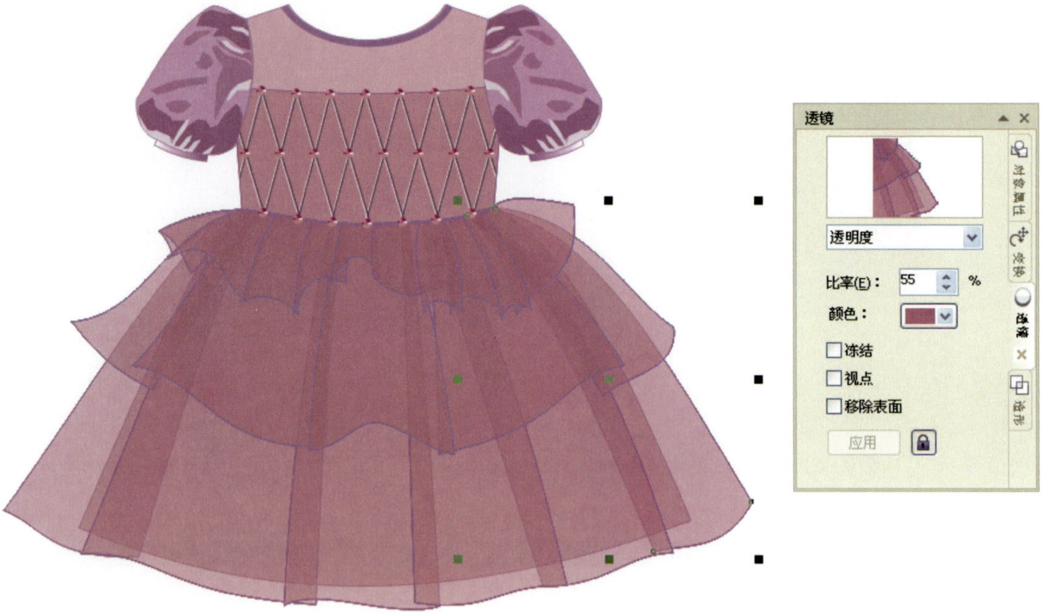

图 5-81

5.6 外套的设计与表现

童装外套主要作为儿童日常生活的便装使用，也适合于外出、郊游、体育活动等场合穿用，包括便西服、夹克、运动服、大衣、风衣、羽绒服等种类。由于童装外套多数是与其他品种搭配设计，因此为创意灵感的发挥提供了充分的空间，从经典元素到街头风格，从军装元素到怀旧风格，从民族元素到甜美风格，外套永远是设计师发布会上的主打种类（图 5-82、图 5-83）。

常见的童装外套有以下四种基本类型：

1. 西服型外套

儿童的西服型外套是由成人西服简化而来，配上适合儿童的装饰技法，成为适合非正式场合穿着，较为轻松而方便的外套。设计时，在款式造型、面料和工艺方面注入更多具有亲和力的元素，例如使用水洗工艺使缉线部位自然起皱，或选用手感柔软的灯芯绒作为主体面料，这种外套是表现童装都市风格的首选。

2. 夹克型外套

夹克来源于工作服，长度处于腰胯之间，廓型具有宽松、灵活、利索的特点。夹克是局部款式变化最为丰富的上衣品种，其中具有功能性的局部设计是夹克款式的重点，例如亲切而实用的连帽式夹克、活动性和视觉效果更好的插肩袖、可脱卸的里子以及内层拉链、外层纽扣的门襟形式在夹克中也屡见不鲜。另外，一些军用夹克的设计元素也被经常用于童装之中，例如飞行员夹克、步兵夹克和迷彩服等。

3. 运动型外套

运动型外套并非专业的运动服，而是指能满足日常的户外运动的一种“概念服装”。一般选用柔软的针织面料和 PU 涂层棉布来进行宽松、舒适的款式造型。

儿童运动型外套的设计重点主要表现在细节和色彩上，在同样的廓型下，细节的改变能带来个性化的效果，既能让趣味盎然的卡通图案跃然衣上，也可以用带有拉链、口袋和金属搭扣的配料设计来表现酷劲十足的街头形象。为增强运动的兴奋感，会经常用鲜艳跳跃的色彩对比。另外，选择每季流行的主题色作主体配色也是一种有效的方法，近年流行的绿色系和闪光色经常被用于此类外套。

4. 防寒型外套

儿童防寒外套主要是指秋冬季节的呢大衣、风衣、棉服和羽绒服等品种。童装呢大衣的造型宜简洁大方，呢绒面料质感丰满、温暖，但长度不宜过长；童装风衣在款式上除了要考虑肩盖布、领、袖、袢带、口袋和门襟等传统的功能性设计外，还可以通过一些具有特殊功能性的结构，如具有调节功能的尼龙搭扣、多层的袋中袋等，来增添童装的设计情趣。另外，在风衣面料的选择上要注重防水、防风和透气性。

童装的棉服和羽绒服主要是用来防风雪，其款式设计更应突出实用性的特点，要求保暖，耐穿而且运动自如，但同时也要注意的是不能为此而牺牲造型上的视觉趣味，令童装看起来过于沉闷和臃肿。

图 5-82　童装外套设计一

图 5-83　童装外套设计二

5.6.1 夹克型外套

步骤【1】

新建一个文件，使用【折线工具】绘制基本线条，如图 5-84 所示。

步骤【2】

给各部分衣片填充颜色，如图 5-85 所示。

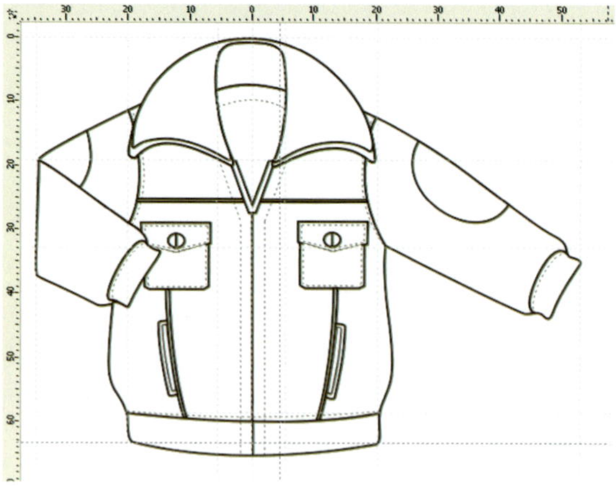

图 5-84

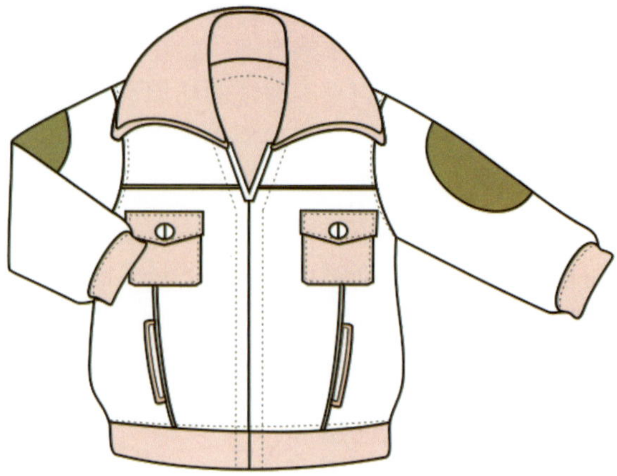

图 5-85

步骤【3】

使用【图纸工具】画出拉链，用【矩形工具】画出拉链头，如图 5-86 所示。

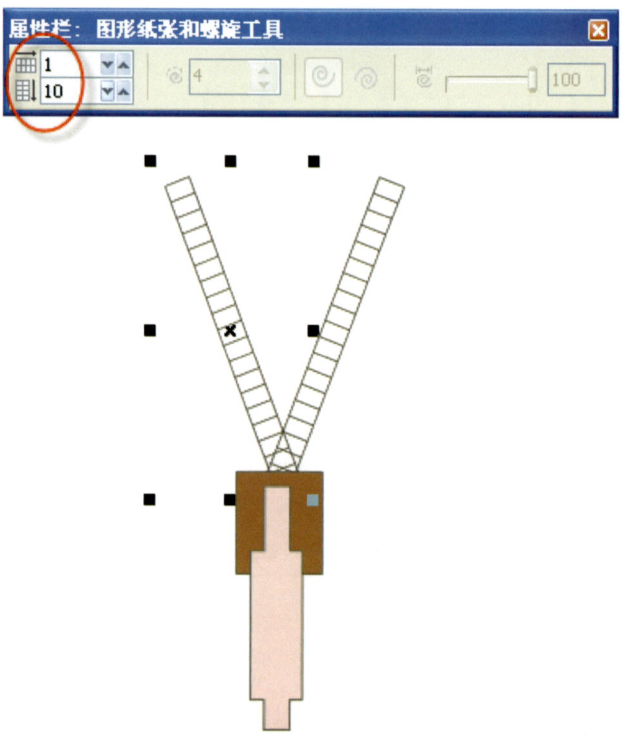

图 5-86

步骤【4】

将画好的拉链放在衣服上，如图 5-87 所示。

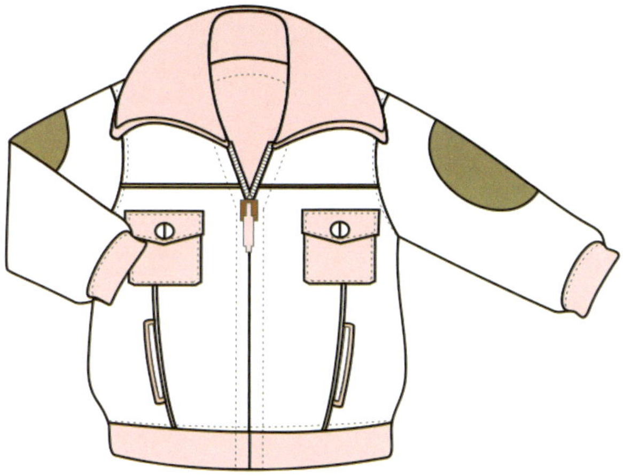

图 5-87

步骤【5】

使用 【手绘工具】随意画一些线条，群组这些线条，复制粘贴这些线条到工作区右侧，使用【交互式调和工具】制作流苏，如图 5-88 所示。

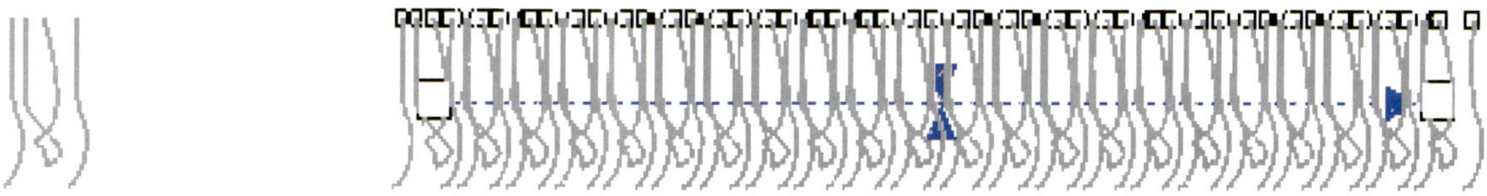

图 5-88

步骤【6】

将流苏放置在衣服上，如图 5-89 所示。

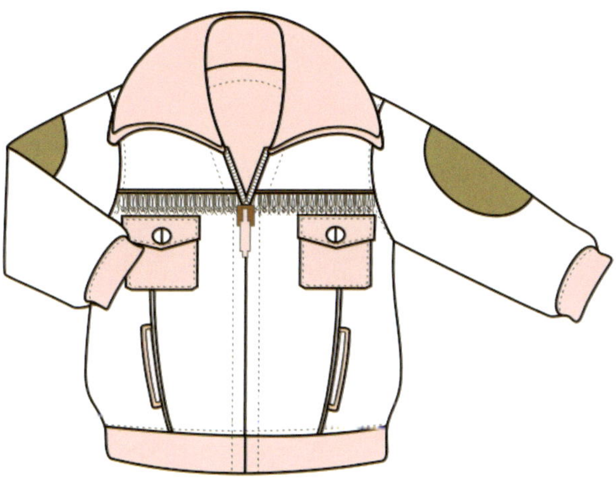

图 5-89

步骤【7】

用 【矩形工具】画出一个长方形，使用 【交互式调和工具】制作罗纹，如图 5-90 所示。

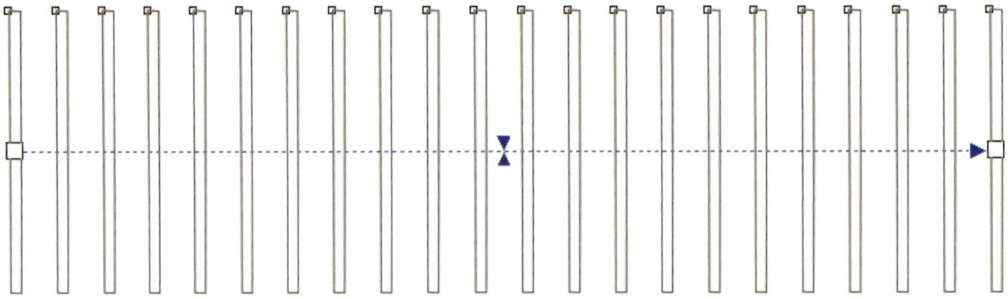

图 5-90

步骤【8】

调整罗纹的角度，单击菜单【效果】→【图框精确裁剪】→【放置在容器中】，再单击下摆和袖口部分，填充上罗纹效果，如图 5-91 所示。

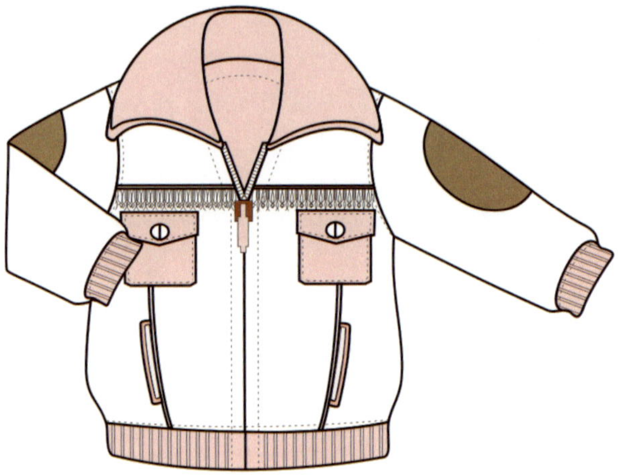

图 5-91

步骤【9】

使用 【手绘工具】，按住“Ctrl”键画一些水平线和垂直线，改变线条的颜色和粗细，绘制格子面料，如图 5-92 所示。

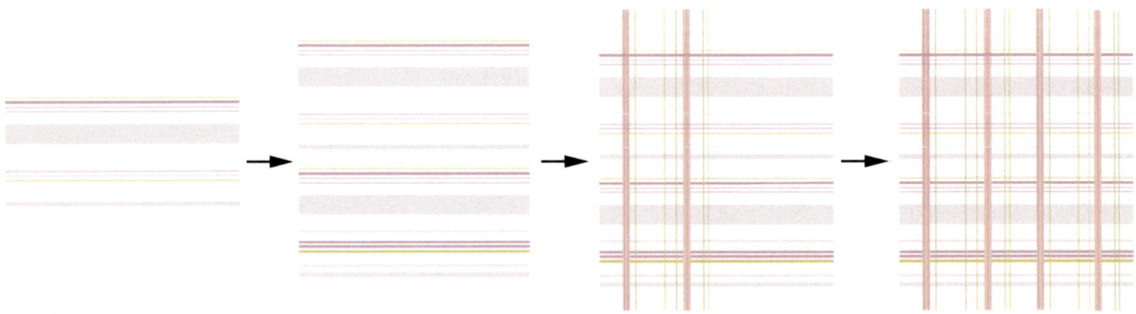

图 5-92

步骤【10】

调整格子的角度，单击菜单【效果】→【图框精确裁剪】→【放置在容器中】，再单击需要填充的部分，填充上面料效果，如图 5–93 所示。

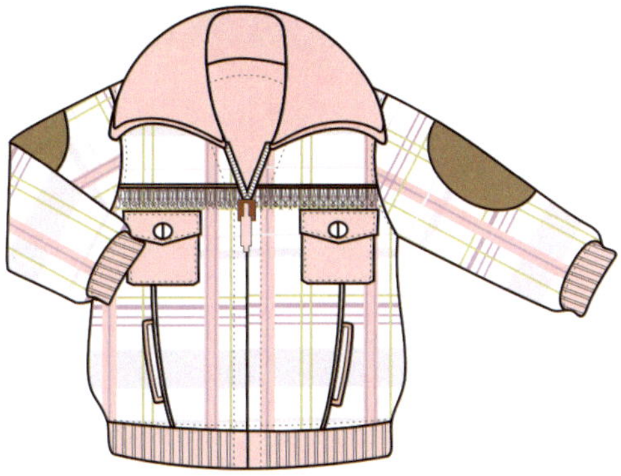

图 5–93

步骤【11】

使用【椭圆形工具】绘制一个椭圆，轮廓宽度为“无”。单击菜单【位图】→【转换为位图】，单击【位图】→【模糊】→【高斯式模糊】，调整参数，单击【确定】，如图 5–94 所示。

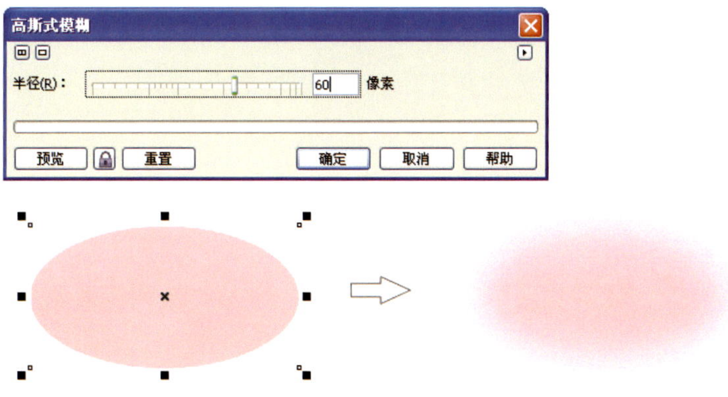

图 5–94

步骤【12】

单击【位图】→【创造性】→【天气】，调整参数，单击【确定】，如图 5–95 所示。

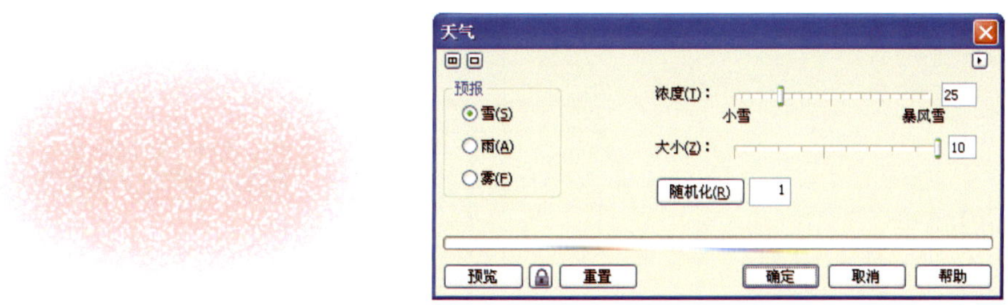

图 5–95

步骤【13】

单击【位图】→【模糊】→【高斯式模糊】，调整参数，单击【确定】，如图 5-96 所示。

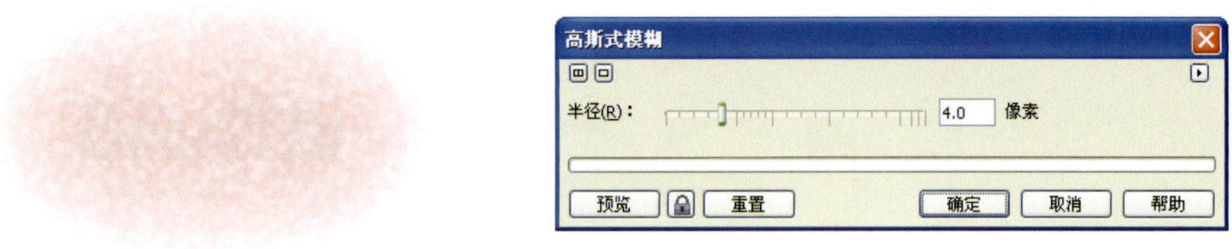

图 5-96

步骤【14】

单击菜单【效果】→【图框精确裁剪】→【放置在容器中】，再单击领部，填充上面料效果，如图 5-97 所示。

图 5-97

5.6.2 灯芯绒大衣

步骤【1】

新建一个文件，使用【折线工具】绘制基本线条，如图 5-98 所示。

图 5-98

步骤【2】

用 【矩形工具】绘制一个长方形，选择【水平渐变填充】。复制粘贴另一个长方形到工作区右侧，宽度变窄。群组这两个长方形。复制粘贴这两个长方形到工作区右侧，使用 【交互式调和工具】，单击第一组长方形，按住鼠标移动到工作区右侧的那组再放开。在属性栏改变步长参数，使所有的图形不重叠，如图 5-99 所示。

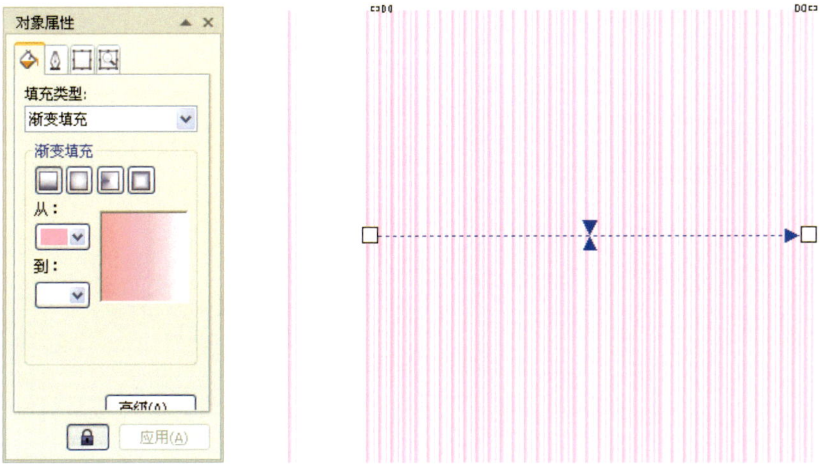

图 5-99

步骤【3】

单击菜单【位图】→【转换为位图】，然后单击【位图】→【杂点】→【添加杂点】，调整参数，单击【确定】，如图 5-100 所示。

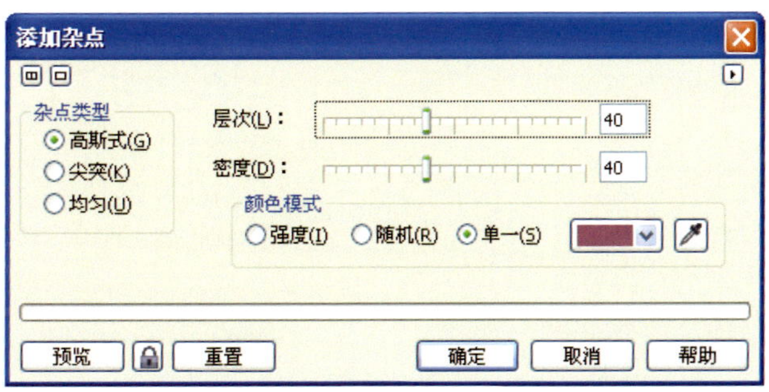

图 5-100

步骤【4】

单击【位图】→【模糊】→【高斯式模糊】，调整参数，单击【确定】，如图 5-101 所示。

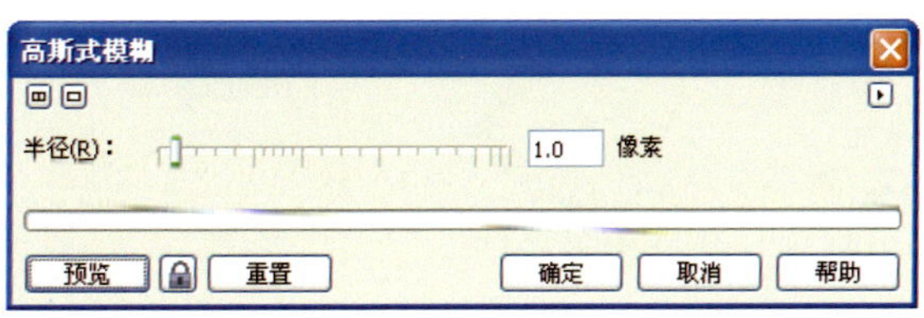

图 5-101

步骤【5】

调整图形的角度，单击菜单【效果】→【图框精确裁剪】→【放置在容器中】，再单击需要填充的部分，填充上面料效果，如图 5-102 所示。

图 5-102

步骤【6】

选择领子，单击【交互式变形工具】，在属性栏中点选【拉链变形】，在领子上单击并移动鼠标，调整至合适，如图 5-103 所示。

图 5-103

步骤【7】

在【对象属性】窗口选择合适的点划线和宽度，如图 5-104 所示。

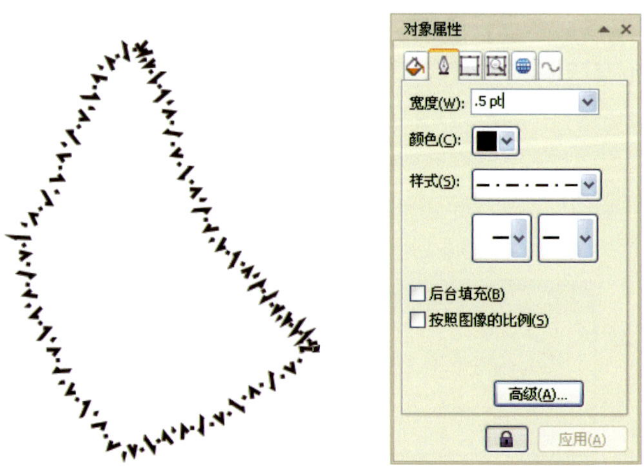

图 5-104

步骤【8】

相同方法绘制袖口及其他部位的线条，如图 5–105 所示。

图 5–105

步骤【9】

在【对象属性】窗口中选择底纹填充、样式、3 色拼布，单击【高级】，在弹出的窗口中调整颜色配置。用【椭圆形工具】加上纽扣，如图 5–106 所示。

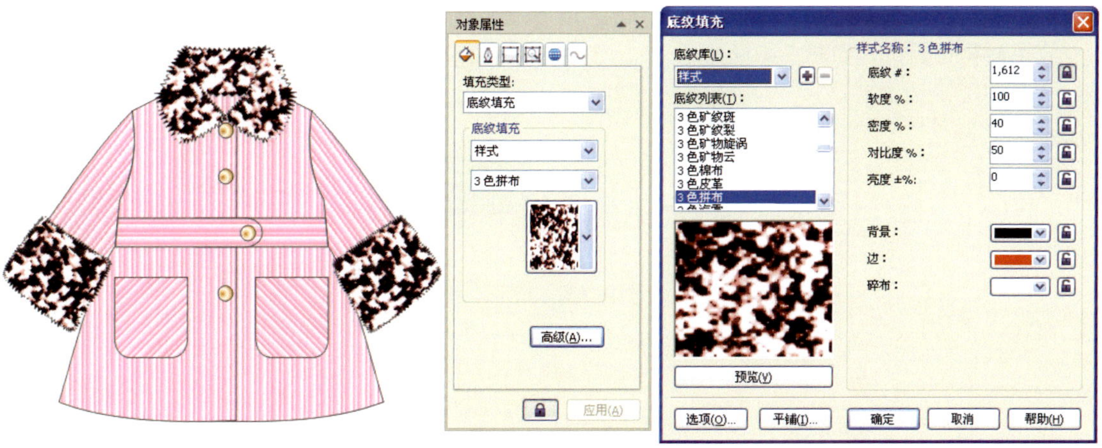

图 5–106

5.7　毛衫的设计与表现

毛衫是由羊毛、兔毛等动物纤维、棉纤维或合成纤维等制作成毛线后，通过编织而成的上装，具有柔软、舒适的特点。毛衫分横机针织、圆机针织和手工编织三种。粗细变化的毛线，多变的针法和松紧自由的造型，令毛衫具有丰富的外观风格，成为现代童装中常见的品种。

儿童毛衫简单的款式，使其具备了与其他品种搭配的多样性：厚厚的高领毛衫配上休闲外套，水洗牛仔裙或牛仔裤，能充分表现帅气、摩登的风格；轻薄的对襟短线衫与衬衫、T 恤以及碎花裙的结合则是甜美春夏装的典型装扮。

此外，儿童毛衫中令人心动的色彩、图案和充满童趣的装饰工艺也是设计中不可忽视的要素，如图 5-107 所示。

图 5-107　童装毛衫设计

5.7.1　提花毛衫

步骤【1】

新建一个文件，使用【折线工具】绘制基本线条，如图 5-108 所示。

步骤【2】

给毛衫填充颜色，如图 5-109 所示。

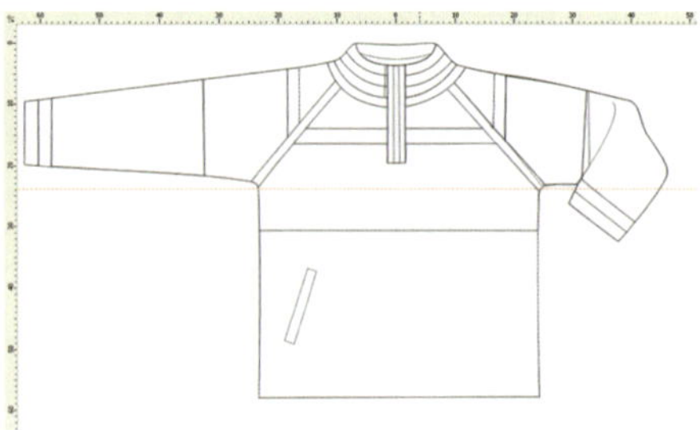

图 5-108

图 5-109

步骤【3】

使用【折线工具】和【交互式调和工具】绘制拉链，如图 5-110 所示。

图 5-110

步骤【4】

使用【手绘工具】绘制直线，使用【交互式调和工具】的路径功能绘制领子罗纹，如图5-111所示。

图5-111

步骤【5】

使用【手绘工具】绘制直线，使用【交互式调和工具】绘制袖口和下摆罗纹，如图5-112所示。

图5-112

步骤【6】

使用【手绘工具】绘制基本图形，使用【变换】工具画出等距离的图形，如图5-113所示。

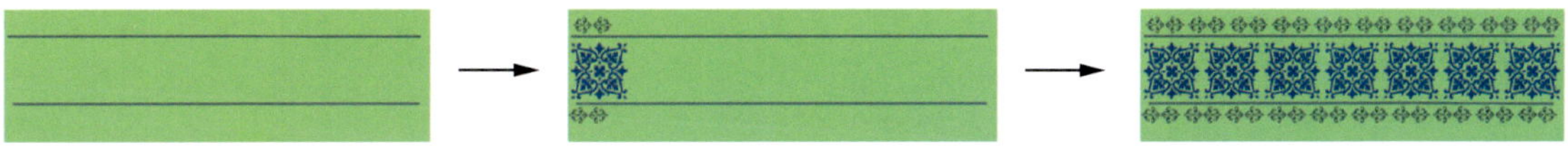

图5-113

步骤【7】

调整图形的角度，单击菜单【效果】→【图框精确裁剪】→【放置在容器中】，再单击需要填充的部分，填充上提花效果，如图5-114所示。

图5-114

5.7.2 钉珠毛衫

步骤【1】

新建一个文件，使用 【折线工具】绘制基本线条，填充颜色，如图 5-115 所示。

步骤【2】

用 【椭圆形工具】画一个最基本的毛衫图案单元。使用 【交互式调和工具】画出一列毛衫图案。单击菜单【排列】→【打散调和群组】，将这一列复制粘贴到工作区右侧，再次使用 【交互式调和工具】画出一片编织效果图案，如图 5-116 所示。

图 5-115

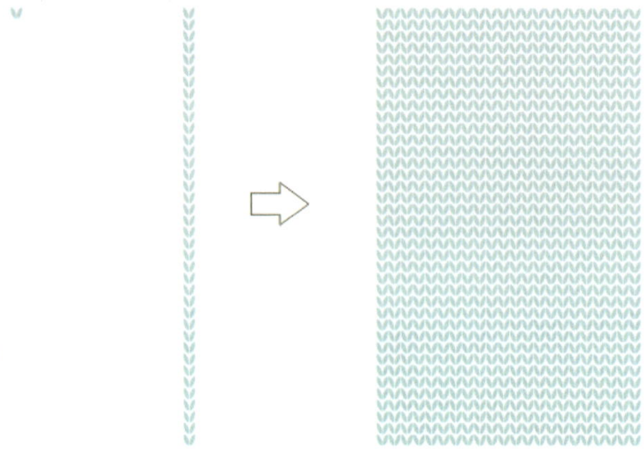

图 5-116

步骤【3】

单击菜单【效果】→【图框精确裁剪】→【放置在容器中】，再单击需要填充的部分，填充毛衫效果，如图 5-117 所示。

图 5-117

步骤【4】

选择领子，单击 【交互式变形工具】，在属性栏中点选 【拉链变形】，在领子上单击并移动鼠标，调整至合适，在【对象属性】窗口选择轮廓宽度为“无”，如图 5-118 所示。

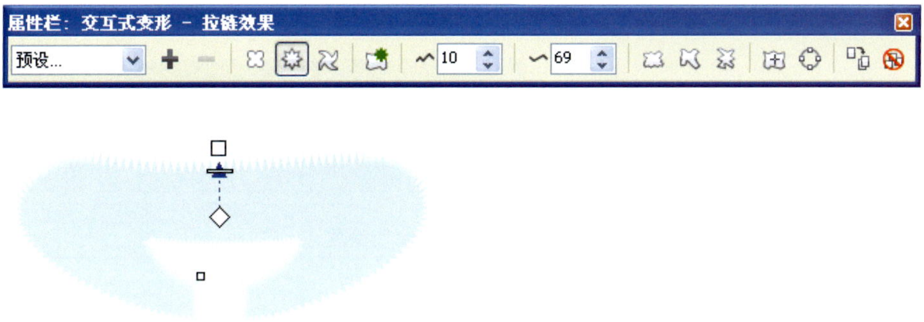

图 5-118

步骤【5】

使用 【矩形工具】画一个长方形，并填充颜色，单击菜单【位图】→【转换为位图】，如图 5-119 所示。

图 5-119

步骤【6】

单击【位图】→【杂点】→【添加杂点】，调整参数，单击【确定】，如图 5-120 所示。

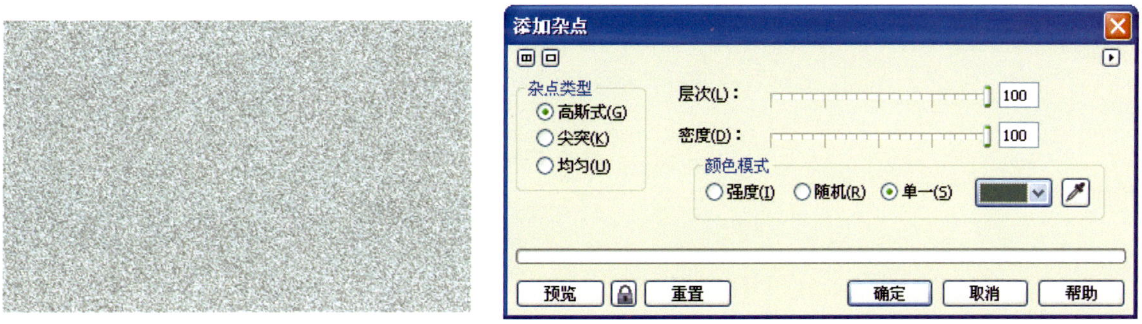

图 5-120

步骤【7】

单击【位图】→【模糊】→【缩放】，调整参数，单击【确定】，如图 5-121 所示。

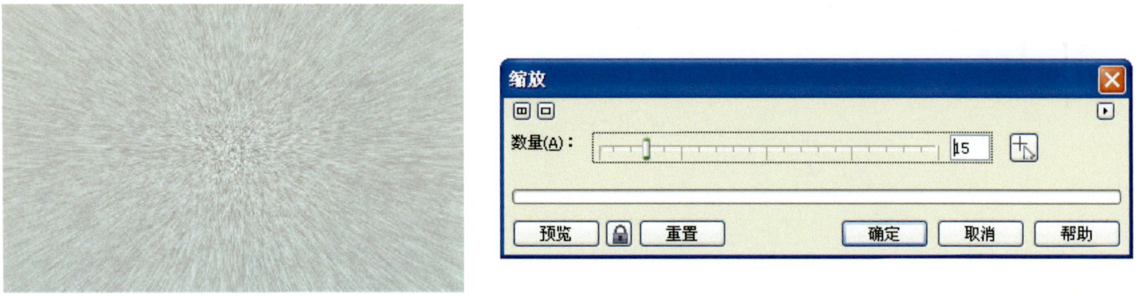

图 5-121

步骤【8】

单击菜单【效果】→【图框精确裁剪】→【放置在容器中】，再单击领子，如图 5-122 所示。

步骤【9】

用【椭圆形工具】画出钉珠效果，选择渐变填充。添加拉链和其他装饰，如图 5-123 所示。

图 5-122

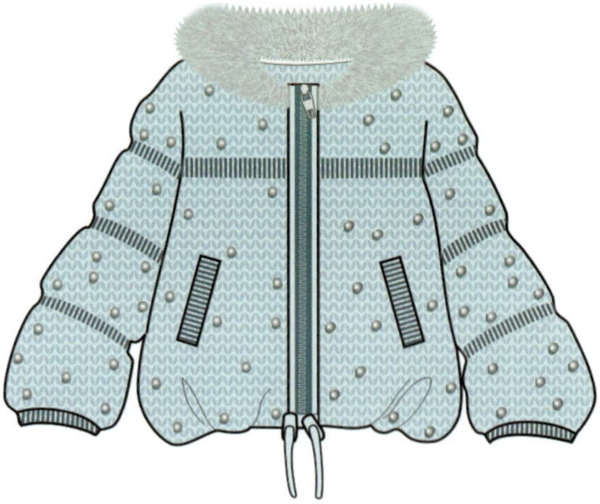

图 5-123

第六章　童装效果图的风格与表现

童装设计的风格是指作品整体外观形式所表达出来的设计内涵和设计趣味。它一方面在客观上体现出时代流行和社会文化的影响；另一方面也是设计者综合其自身的生活经验、艺术素养和个性气质后，形成的一种主观上的设计理念和独特的表达方式。

童装风格不仅传达出设计的总体特征，而且还能进一步将外在的视觉形象转化为服装的精神面貌，达到反映儿童内在气质和魅力的目的，因此风格的设计表现是童装设计最根本的任务。

童装风格的设计表现综合了整体款式、色彩图案、面料和工艺等造型要素，并通常结合以系列的形式，来加强它的视觉美感和震撼效果。

童装常见的设计风格可分为以下九类。

6.1　童装的都市风格

都市风格童装（图 6–1）是指受都市快节奏生活方式的影响，形成相对简洁、理性并具有成人化倾向的装束。其灵感多产生于大城市的建筑景观和生活环境，一般以传统的款式为基础，选择性融入儿童流行的装饰细节，线型利落，强调面感造型，讲究一定的机能性，春夏季主要以针织休闲 T 恤、衬衫、休闲裤、长款紧身连衣裙为代表，秋冬季有宽松短外套、休闲夹克、多功能套装、针织毛衫和毛呢裤、裙等。

国际著名品牌 Dkny 的童装系列（Dkny Junior）很明显地带有都市风格的特征。

图 6–1　都市风格的童装（绘制者：刘雯雯）

6.2 童装的运动风格

运动风格童装(图 6–2)是指将运动的设计元素融入儿童的日常休闲服中。不同于专业的竞赛服，它既能体现出运动的功能性，又具有轻松、自由的视觉效果。

运动是儿童的最爱，在阳光充足的大自然中进行的水上游戏，溜冰滑雪、徒步旅行和各种球类运动等，不但可以增强儿童体魄，还能激发儿童积极向上的心灵，因此，便于活动的运动式休闲服备受激情少年的青睐，近年来更有不少运动品牌把敏感的时尚元素加入其中，让运动装穿起来更像时装。

运动风格的款式轮廓鲜明，突出动感和拼接的设计，在局部细节上使用拉链，缉明线、嵌线、夸张而多功能的口袋以及醒目的商标图案。运动风格的面料大多选择具有功能效果的涂层、防水、弹性、网眼等织物以及与针织物的搭配，另外不可忽视辅配料的选择。色调可根据儿童的不同年龄来选择，但色彩间的对比需明快而响亮。

国际著名运动品牌 Adidas、Nike 是童装运动风格的典型代表。

图 6-2　运动风格的童装(绘制者：徐碧菲)

6.3　童装的牛仔风格

牛仔风格童装（图 6–3）源于美国西部那些透露着粗犷、豪放的靛蓝斜纹布牛仔工装，在时世的变迁中不断跨越每一种社会分类如年龄、性别、阶级、宗教、国籍等，最终成为无拘无束、充满活力的时装而风靡全球。因此，牛仔风格对于崇尚轻便自由和青春朝气的童装而言，无疑是其各类便装设计的首选。

童装的牛仔风格吸取了工装款式中宽松和多功能的特点，沿袭牛仔服上精细，结实、耐用的结构设计和充满趣味性的装饰工艺，如绣花、烫钻、镶边、打褶等，营造出童装中粗犷与细腻并存的流行样式。牛仔风格的面料以棉质牛仔布为主，其特有的后整理技术是设计中不可缺少的环节，一般选择在主体款式缝制完成后进行，另外还经常采用花色棉布、羊毛、仿皮、灯芯绒以及抓毛布、卫衣布等厚针织与主体面料拼接的手法来体现儿童的活泼个性。

意大利著名品牌 Diesel 是童装牛仔风格的主要代表。

图 6–3　牛仔风格的童装（绘制者：叶秀云）

6.4 童装的中性风格

中性风格童装（图 6-4）是指男女皆可穿，无明显性别风貌的着装，其设计灵感常来源于军装中的飞行员夹克、水手服、迷彩 T 恤、狩猎探险时的猎装等，这种风格的童装能使孩子的身体活动自由，心灵放松。小男孩中常见的那些卷起裤脚边的休闲裤、多功能口袋的小军装，再配上连衣帽、跑步鞋以及心爱的小手枪、望远镜等玩具，帅气中带着天真和活泼。有的小女生也喜欢这种装束，她们把头发剪成男式短发，跟男孩子一样又蹦又跳，俨然一副“假小子”的装扮。

另外，青少年在身心发育阶段的“性别模糊”期，也会出现刻意弱化自身性别特征的中性风格装束。他们喜欢宽大、随意而松散的款式；喜欢针织绒线、牛仔布以及那些耐脏、耐磨的劳动布面料；喜欢苔绿、深蓝、浅棕、咖啡等含灰调的中性色。

著名的大众品牌 Giordano 是童装中性风格的主要代表。

图 6-4　中性风格的童装（绘制者：黄晓玲）

6.5　童装的前卫风格

前卫风格童装（图 6–5）是指利用超前的设计元素，追求一种富于幻想，标新立异甚至反叛刺激的着装效果，体现着强烈的非主流特征。童装前卫风格的设计一定程度上受到各类前卫文化艺术的影响，但考虑到儿童的特点，其灵感主要还是来自于时尚的街头文化，在造型表现上不如成人装设计突出，并与主流的休闲风格相结合，例如以超现实的夸张和娱乐趣味为主要特征的游戏风格以及风靡于都市青少年中的 Hip Hop 风格等。

童装前卫风格多使用不对称的结构分割以及流苏、补丁、磨旧、铆钉等酷劲十足的装饰，夸张的零部件形状和不同寻常的比例位置，充分强调形、色、质的对比效果。有时违反常规的色彩搭配，结合具有烂花、水洗、涂层、反毛、PU、手绘等肌理效果的奇特面料经常成为走在流行尖端的装束。

国际著名品牌 D&G 的童装系列（D&G Junior）带有明显的前卫风格特征。

图 6–5　前卫风格的童装（绘制者：麦甄倩）

6.6　童装的摩登风格

摩登风格童装（图 6–6）是指富有科技感和未来感觉的设计。在当今电脑技术和信息网络影响下出现的科幻电影、镭射光碟、合成音乐、电子游戏等，不但成为孩子们娱乐生活的主体，也为童装设计提供了适应时代潮流的灵感来源。

摩登风格采用时尚的款式搭配，廓型、局部的设计不但要紧跟季节流行而且要流露出童真，鞋、袜、帽等配饰的点缀可营造出华丽的气氛，如在自由的游戏装上配以新潮可爱的小饰物，在活泼的短裙下配以夸张的软靴，在宽松的休闲针织衫上配以金属质感的图案等。面料应选择每季流行的品种和花型，一些具有高科技肌理感观和新工艺印花的面料是表现此类风格很好的素材。在色彩方面尽量体现明快、跳跃的效果，可采用多色混搭的方法来增加流行趣味。

意大利著名品牌 Roberto Cavalli 是童装摩登风格的主要代表。

图 6–6　摩登风格的童装（绘制者：曹雅珠）

6.7　童装的校园风格

校园风格童装（图 6-7）是从经典的学生校服中寻找设计灵感，塑造出儿童纯情且矜持、智慧而健康的形象，它不仅可作为儿童上学时的校服穿着，而且在配搭后也可作为其课余生活中的装束。

校园风格的童装融合了职业装、学生装和便装的多种元素，直线形的轮廓流畅而简练。男生以衬衫、小西装或是夹克配长裤；女生常以 A 型连衣裙和背心裙为主。春夏装一般选择手感细腻而纯朴的棉质衬衫布、斜纹布和针织布；秋冬装则以沉静的精纺面料和毛线织物为主，其中红白或蓝白的花格呢面料是这种风格常用的面料。校园风格的色调宜简单、明快，多以朴素的白色、亮灰、藏蓝和墨绿做主色，配以小面积的鲜明点缀，形成活泼欢快之感。

时尚品牌 Zara 那带有学府绅士味的童装是校园风格最好的演绎。

图 6-7　校园风格的童装（绘制者：廖思皓）

6.8 童装的柔美风格

童装中的柔美风格（图 6-8）主要呈现出欧陆传统的样式，以文静、和谐为审美特征的搭配，具有较强的复古和唯美倾向，不论流行如何变迁，柔美风格的童装总能够能被大多家长和孩子接受，柔美风格在男童中则较少选用。

柔美风格以洋娃娃式的“公主裙”最为典型，束腰的“X”外形配上灯笼袖和蓬松的灯笼裙，缀以荷叶边、皱褶、蕾丝以及绣花图案装饰，穿上白色的短袜和皮鞋，缎带扎成的蝴蝶结把长发束在脑后，散发着清纯、可爱的女孩味。

意大利品牌 Miss Blumarine 的童装系列带有很明显的柔美风格特征。

图 6-8　柔美风格的童装（绘制者：邝春媚）

6.9　童装的民族风格

民族风格童装（图 6-9）是指体现出不同地域的民族风俗和文化的服饰造型，由于其独特的灵感来源而呈现出与众不同的设计效果。现代民族风格的设计多会摒弃形式上繁杂的堆砌和造型上的简单雷同，而吸取时代精神和时尚元素加以表现，因此为了避免过于沉重，童装中的民族风格常与田园风格相结合，在民族的文化韵味中流露出轻松恬淡的自然气息。

民族风格童装的款式结构不宜太复杂，设计亮点应体现在色彩和图案工艺的装饰上：色彩艳丽的民间装饰纹样、清新朴素的印花面料、手工味十足的刺绣、编织等传统工艺以及寓意独特的挂件等，都成为设计的灵感来源。另外，不能忽视的是配饰的材质和造型，它是平衡整体设计效果的砝码，既可以使现代设计富于民族韵味，也可以让民族风格更能符合现代审美。

著名国际品牌 Kenzo 的童装系列（Kenzo Junior）是民族风格设计的典范。

图 6-9　民族风格的童装（绘制者：叶秀云）

童装设计风格的电脑表现是童装人体、款式设计、图案设计、面料设计、色彩设计的综合运用，电脑绘制步骤与前面章节叙述的大致相同，在设计草图时应注意款式设计的系列化。系列化的童装设计是使童装品种丰富化的设计，它使用系列的面料、色彩及款式，在多套服装之间有着相互联系的因素，给消费者带来美的震撼，完美表现服装的风格和形象。

步骤【1】

画好设计草图，在 Photoshop 软件中打开，再使用【钢笔工具】画出各部分的轮廓线。设置前景色为【黑色】，在路径上单击右键，选择【描边路径】，弹出【描边路径】对话框，选择【铅笔】，如图 6–10 所示。

注：也可以在 CorelDRAW 软件中导入草图，勾线后导出为 jpg 或 tif 文件，再在 Photoshop 软件中填色。

步骤【2】

建立不同的图层，按照儿童头部的电脑绘制方法，分别填上肤色，画好五官、头发，如图 6–11 所示。

图 6–10

图 6–11

步骤【3】

按照电脑面料的表现方法，设计面料并填充到衣服上，如图 6-12 所示。

步骤【4】

相同方法画好服饰配件，如图 6-13 所示。

图 6-12

图 6-13

步骤【5】

画好效果图中的其他儿童，如图 6-14 所示。

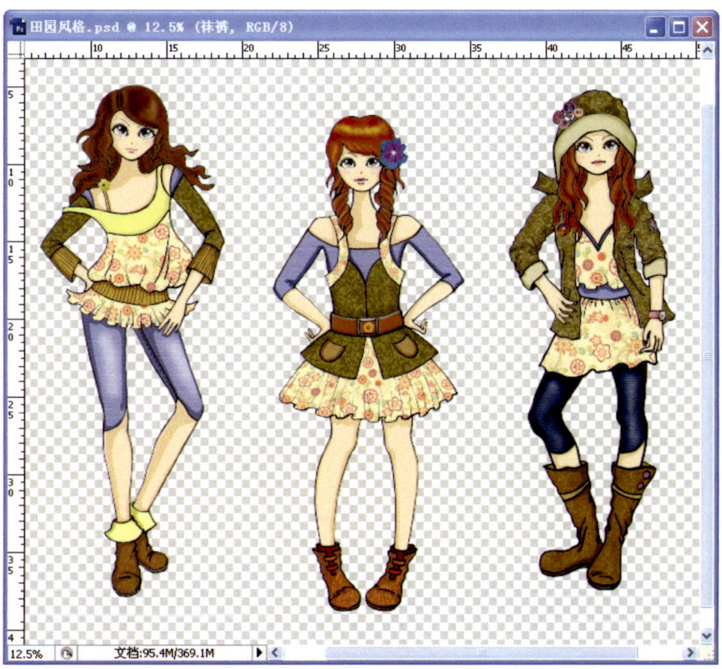

图 6-14

步骤【6】

添加背景图层，如图 6-15 所示。

图 6-15　童装设计风格的表现（绘制者：梁伟平）

书目：服装类

书名	作者	定价(元)
【普通高等教育"十一五"国家级规划教材】		
服装纸样设计原理与应用 女装编(附盘)	刘瑞璞	48.00
服装纸样设计原理与应用 男装编(附盘)	刘瑞璞	39.80
成衣工艺学(第三版)	张文斌等	39.80
服装表演组织与编导	关洁	26.00
西方服装史(第二版)	华梅　要彬	39.80
服装 CAD 应用教程(附盘)	陈建伟	39.80
服装美学教程(附盘)	徐宏力等	42.00
中国服装史(附盘)	华梅	32.00
服装美学(第二版)(附盘)	华梅	38.00
中西服装发展史(第二版)	冯泽民等	39.80
针织服装设计	谭磊	39.80
服装材料学·基础篇(附盘)	吴微微	35.00
【服装高等教育"十一五"部委级规划教材】		
服装英语(第三版)(附盘)	郭平建等	34.00
中国近现代服装史	华梅	39.80
服装生产管理(第三版)(附盘)	万志琴等	42.00
服装电子商务(附盘)	张晓倩等	32.00
成衣立体构成(附盘)	朱秀丽等	29.80
服装市场营销(第三版)(附盘)	刘小红等	36.00
服装厂设计(第二版)(附盘)	许树文等	36.00
服装商品企划实务	马大力	36.00
服装人体美术基础	罗莹	32.00
服装生产管理与质量控制(第三版)	冯翼　冯以玫	33.00
服装生产工艺与设备(第二版)	姜蕾	38.00
内衣设计	孙恩乐	34.00
【服装高等教育"十五"部委级规划教材】		
服装商品企划学	李俊	28.00
针织服装设计与工艺	沈雷	28.00
服装整理学	滑钧凯	29.80
服装舒适性与功能	张渭源	22.00
服装设计表达——时装画艺术	陈闻	39.80
服装营销学	赵平	39.80
服饰配件艺术	许星	32.00
展示设计	张立	38.00
服饰图案设计与应用	陈建辉	36.00

高等教材

注　若本书目中的价格与成书价格不同，则以成书价格为准。中国纺织出版社图书营销中心门市、函购电话：(010) 64168231。或登陆我们的网站查询最新书目：

中国纺织出版社网址：www.c-textilep.com

中国国际贸易促进委员会纺织行业分会

中国国际贸易促进委员会纺织行业分会成立于1988年，成立以来，致力于促进中国和世界各国（地区）纺织服装业的贸易往来和经济技术合作，立足为纺织行业服务，为企业服务，以我们高质量的工作促进纺织行业的不断发展。

➢ 简况

■ 每年举办（或参与）约20个国际展览会
涵盖纺织服装完整产业链，在中国北京、上海和美国、欧洲、俄罗斯、东南亚、日本等地举办
■ 广泛的国际联络网
与全球近百家纺织服装界的协会和贸易商会保持联络
■ 业内外会员单位2000多家
涵盖纺织服装全行业，以外向型企业为主
■ 纺织贸促网www.ccpittex.com
中英文，内容专业、全面，与几十家业内外网络链接
■ 《纺织贸促》月刊
已创刊十七年，内容以经贸信息、协助企业开拓市场为主线
■ 中国纺织法律服务网www.cntextilelaw.com
专业、高质量的服务

➢ 业务项目概览

➢ 中国国际纺织机械展览会（每两年一届）
➢ 中国国际纺织面料及辅料博览会（每年分春夏、秋冬两届，分别在北京、上海举办）
➢ 中国国际家用纺织品及辅料博览会（每年举办一届）
➢ 中国国际服装服饰博览会（每年举办一届）
➢ 中国国际产业用纺织品及非织造布展览会（每两年一届，逢双数年举办）
➢ 中国国际纺织纱线展览会（每年举办一届）
➢ 中国纺织品服装贸易展览会（美国纽约）（每年6月份在美国纽约举办）
➢ 中国纺织品服装贸易展览会（德国）（每年在德国举办）
➢ 组织中国服装企业到美国、日本、欧洲及亚洲等其他地区参加各种展览会
➢ 组织纺织服装行业的各种国际会议、研讨会
➢ 纺织服装业国际贸易和投资环境研究、信息咨询服务
➢ 纺织服装业法律服务

更多相关信息请点击纺织贸促网 www.ccpittex.com